高等院校"十三五"规划教材

电子技术课程设计指导教程

主　编　宫占霞　唐兀典
副主编　倪元相

扫码加入学习圈 轻松解决重难点

 南京大学出版社

图书在版编目(CIP)数据

电子技术课程设计指导教程 / 宫占霞，唐兀典主编
. — 南京 ：南京大学出版社，2020.1(2021.7 重印)
ISBN 978 - 7 - 305 - 22740 - 0

Ⅰ. ①电… Ⅱ. ①宫… ②唐… Ⅲ. ①电子技术－课
程设计 Ⅳ. ①TN－41

中国版本图书馆 CIP 数据核字(2019)第 267857 号

出版发行 南京大学出版社
社　　址 南京市汉口路 22 号　　　　邮编　210093
出 版 人 金鑫荣

书　　名 电子技术课程设计指导教程
主　　编 宫占霞　唐兀典
责任编辑 吴 华　　　　　　　编辑热线 025 - 83596997
照　　排 南京开卷文化传媒有限公司
印　　刷 江苏凤凰通达印刷有限公司
开　　本 787×1 092　1/16　印张 10.25　字数 237 千
版　　次 2020 年 1 月第 1 版　2021 年 7 月第 2 次印刷
ISBN 978 - 7 - 305 - 22740 - 0
定　　价 29.00 元

网　　址:http://www.njupco.com
官方微博:http://weibo.com/njupco
微信服务号:njuyuexue
销售咨询热线:(025)83594756

☞ 扫码可免费
申请教学资源

　　本书是根据《国务院办公厅关于深化高等学校创新创业教育改革指导意见》及《广东省普通高等学校本科专业评估方案(试行)》的精神,参照教育部的《电工与电子技术》教学大纲,比照《电气类教学质量国家标准》和《电子信息类教学质量国家标准》,以突出技能训练和提高应用型本科学生就业、创新、创业能力为目标,尝试编写而成。

　　随着跨学科、新工科技术的发展,电子技术已成为许多工科专业重要的技术基础课,其实验教学、课程设计和综合实践在培养学生工程能力和创新能力的过程中扮演重要的角色。

　　本教程共八章。第一章是电路基础知识,第二章是常用电子元器件的识别与装配,第三章是常用仪器仪表的使用,第四章是焊装检工艺基本操作技能,第五章是安全文明生产基础,第六章是模拟电子技术课程设计项目,第七章是数字电子技术课程设计项目,第八章是电路仿真设计。其中,第一章至第五章是电子技术课程设计的基础,通过常用电子元器件的识别、装配与焊接基础知识介绍和学习,将基本概念、基本原理渗透到具体的电子技术课程设计操作中,并使学生熟悉其操作规程,以达到巩固理论知识和掌握课程设计综合实践技能训练的教学目的。第六章至第七章为电子技术课程设计项目应用。为了充分调动学生的学习自主性,提高其综合运用知识的能力,本教程中的电子技术课程设计仅给定一定的实验条件和实验要求,让学生自主优化实验方案,通过计算机仿真、制作和调试等手段满足课程设计实验指标。

　　本教程的课程设计项目较多,训练内容丰富,给不同课程设计学时要求的专业在选择课程设计项目方面带来很大的灵活性。同时,课程设计难易程度适中,也能满足高职高专电类专业的选择要求。

　　本教程由广东理工学院的官占霞、唐兀典任主编,广东理工学院的倪元相参编,全书由倪元相统稿并担任主审。在编写过程中,得到了龙小丽、胡林林、吴琼、李彬老师的大力帮助。同时,本教程在编写过程中参考和借鉴了部分同类教材和相关著作,在此一并表示感谢。

　　限于学识和经验,疏漏与不当之处恳请同行与读者指正。反馈意见和要求请发送至邮箱 251859972@qq.com,欢迎赐教。

编　者

2019 年 **8** 月

CONTENTS 目 录

第 1 章　电路基础知识 1

1.1　电路简介 1
1.2　电路常用概念 3
1.3　电路基本定律 4

第 2 章　常用电子元器件的识别与装配 8

2.1　电子元器件概述 8
2.2　分立元件 8
2.3　分立元件的常用检测方法 26

第 3 章　常用仪器仪表的使用 28

3.1　万用表 28
3.2　示波器 32
3.3　毫伏表 37
3.4　信号发生器 38

第 4 章　焊装检工艺基本操作技能 45

4.1　焊接的基础知识 45
4.2　常见电子线路的检测工艺与调试 53

第 5 章　安全文明生产基础 57

5.1　安全文明生产的重要性 57
5.2　安全文明生产基本要求 58

第6章　模拟电子技术课程设计项目　60

6.1　基于集成电路的音频放大器设计 ················· 60
6.2　直流稳压电源设计 ················· 64
6.3　函数信号发生器设计 ················· 68
6.4　声控灯设计 ················· 72
6.5　水温控制系统设计 ················· 76
6.6　光电报警系统设计 ················· 81
6.7　火灾报警电路设计 ················· 84

第7章　数字电子技术课程设计项目　88

7.1　数字钟设计 ················· 88
7.2　四人智力竞赛抢答器设计 ················· 96
7.3　数字秒表设计 ················· 103
7.4　彩灯控制器设计 ················· 106
7.5　幸运大转盘设计 ················· 110
7.6　出租车计费器设计 ················· 113
7.7　交通灯控制电路设计 ················· 120

第8章　电路仿真设计　126

8.1　DXP 2004 设计软件简介 ················· 126
8.2　DXP 2004 设计流程 ················· 126
8.3　PCB 设计的基本原则 ················· 143

附录一　常用芯片功能引脚图简介　144

附录二　国家标准　150

附录三　课程设计报告模板　153

参考文献　157

第 1 章　电路基础知识

1.1　电路简介

1.1.1　电路的含义

为利用电能做功而设计的或可能在某一特定情况下形成的导电通路的路径,统称为电路。如电饭锅在工作的时候,电流从电源的相线流进电饭锅的部件,再回到电源的零线,形成了工作通路。又如云层在飘过高处的导电体时产生的打雷放电现象,实质上是把云层中储存的电荷从云层转移到地面的过程,由于云层的电势很高,可能直接电离空气产生导电通路。

人为设置的电路,是为了实现某些功能,使用特定的电气元件,按电气原理、元器件特性与工艺上的要求组装起来的系统,这些电路系统往往又被称为电器,例如分频器、电磁炉、电饭锅、电风扇等。

1.1.2　电路的作用

随着电气化技术的不断发展,在人类的生活与生产活动中,根据设计目的与思路的不同,电路系统可以为人类解决各种各样的问题,其应用是无处不在的。目前,电路主要用于实现信号发生、信号控制与传递、信号检测、信号处理、信息储存和电能转化功能。

信号发生:如发电机产生电功率信号,为用电器提供电功率,驱动用电器做功。信号发生器产生设计所需要的正弦波、脉冲波、三角波、锯齿波等电磁波信号,从而实现某些控制功能。传感器可以根据元器件的电器特性,产生各种电磁信号,如转速传感器可以输出电压信号,霍尔传感器可以输出脉冲信号。

信号控制与传递:如开关元件的开合控制,电能电功率信号的输送与传递,其他各种非功率信号的传递。

信号检测:对一些非电的或者带电的现场参数进行检测,如亮度检测电路、湿度检测电路、距离检测电路、水位检测电路、用电量检测电路等。

信号处理:对信号进行放大或衰减、不同类型信号的转换、不同频率信号的转换、信号的运算等。如放大器、数模转换电路、分频器等的使用。

信息储存：用电路把数据储存起来，如硬盘。

电能转化：电路可以通过负载，把电能转化为其他形式的能量。如电热丝可以把电能转化为热能，电机可以把电能转化为机械能。

随着元器件的日新月异以及人类对美好生活的向往与现代化生产的迫切需要，电路的应用将会更加深入和广泛。

1.1.3　电路的构成

一般而言，电路由电源、辅助电路、导线、负载四部分构成。

电源：把其他形式的能量转化为电能的设备，为电路工作提供稳定可靠的电能。电能做功，根据电路参数不同，其电功率也不同。在分析电路的过程中可以把电源输出的电能称为电功率信号。

电源有很多种不同的类别，根据频率不同，可以分为直流电与交流电。目前我国采用的生活用电标准是工频交流电 220 V/50 Hz，而日本则采用 100 V/60 Hz，不同的国家可以自主选择不同的用电标准。

根据电压高低，又可以分为低压电与高压电。一般来说，日常生活中，对地电压达到或超过 1 000 V 电压才称为高压电，故日常生活用电都属于低压电。

辅助电路：为电路的工作提供辅助功能的部分。如使用电度表、功率表、频率计等计量用电的参数；使用控制元件对电路的通断、电流的大小、电压的高低、频率的高低等参数实现控制目的；使用保护装置与元件对电路实现过载、欠压、雷击、漏电与过热等的保护功能；使用检测装置与元件对光、电、速度、位置、高度和压力等物理量进行检测。

导线：一般指传导电信号的材料，但有时在保证安全的前提下，根据设备的实际情况，可以利用设备的某些导电部件来实现电能的转递。如汽车的车架连成一体与电池负极相连作为共地线。

负载：实现电路设计的目的，把电能转化为其他形式的能量。比如存储、放大、发热、输出扭矩等。

1.1.4　电路的工作状态

电路的工作状态可以分为断路、空载、轻载、满载、过载与短路六种状态。不同的工作状态下，电路的要求与表现均有差异。在检修工艺中，可以根据这些工作状态的表现差异判断出电路的一些基本故障。

电路故障除了元件损坏外，最常见的故障是线路故障，主要包括：断路、接触不良和短路三种。

断路：又叫开路，是指电气回路从某些地方断开，从而解除了原来的连接关系的情况。断路有时是人为控制的结果，有时可能是故障导致的结果。比如开关分开、线路折断、熔体熔断、元器件烧断、保护电路动作开路、线路腐蚀、线头松脱、线芯熔断等。

接触不良：由于安装工艺不良或线路老化等原因引起线路传输过程中电阻异常增大的状态。例如接线螺丝压力不足、接线处脏污、接线端部氧化生锈等。

短路:由于意外或者电路故障导致的电路两个不同电位点之间,或者电源的高电位端与低电位端直接被导体连通,即电源的输入输出端口直接连通的状态。短路是严重过载的工作状态,由于短路的部分电路电流很大,可能会造成严重的事故,所以在生活与生产中要尽力避免出现短路的情况。

1.2　电路常用概念

1.2.1　回路

回路是闭合回路的简称,从电路中的某一点开始,沿着电路的某一个路径重新回到起点的部分。电路工作必须形成闭合回路,所以在工艺上常常称为工作回路,这一现象同样遵循能量守恒原理。

1.2.2　电势

电势(又称电位):处于电场中某个位置的单位电荷所具有的电势能。电势的单位为V(伏)。电势只有大小,没有方向,是标量。和地势一样,电势也具有相对意义。在具体应用中,常取标准位置的电势能为零,所以标准位置的电势也为零,电势只不过是和标准位置相比较得出的结果。在理论研究时,常取地球或无限远处为标准位置。也常使用“电场外”这样的说法来代替“零电势位置”。在实际工程应用中,这一标准位置也称为“参考点”。在电力工程中常以大地为“参考点”,在电子线路中则以地线(或负极端)为“参考点”。

电势是一个相对量,其参考点是可以任意选取的。无论被选取的物体是不是带电,都可以被选取为标准位置——零参考点。例如地球本身是带负电的,同时由于地球本身就是一个大导体,电容量很大,所以在这样的大导体上增减一些电荷,对它的电势改变影响不大,其电势比较稳定。所以在一般的情况下,还是选地球为零电势参考点。

1.2.3　电热

电热,指的是电流的热效应。由于导电材料对电流具有一定的阻碍作用,电荷在导电材料中流过时就会产生热量,电能转化为热能(内能),这种热量就称为电热。因为不同的导电材料其电阻率不一样,而且在不同环境温度下也不尽相同,所以测定电热效应时都应标明测试环境温度。

根据材料的机械特性,不同的材料在同样的温升下,其形变的程度是不一样的。因此,在电气控制中可以使用双金属做成开关来实现温度的控制与保护。这种双金属保护常用在电热电路中,在检修工艺中也比较多见。此外,此类双金属开关还可以用于非电热的温度控制电路中。

1.2.4　短接

短接是人为地把某些端子用导体直接连接起来的一种工艺方法。在电路的应用中,有时候设计人员会把某些功能通过端子的短接来实现,维修人员在线路检修时,也会通过短接的工艺方法来查找故障。比如 PC 机中的 ATX 电源检修时,可以通过短接来检查是否能开机。

1.3　电路基本定律

电路系统在工作时要遵循能量守恒定律。由于电路元件的特性参数各有不同,因此,电路分析的方法也可以根据实际问题灵活选取。

1.3.1　欧姆定律

1. 外电路欧姆定律

在图 1-3-1 所示电路中,通过某一导体的电流跟这段导体两端的电压成正比,跟这段导体的电阻成反比,这就是外电路欧姆定律。公式表示如下:

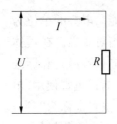

图 1-3-1
外电路欧姆定律

$$I = \frac{U}{R} \qquad\qquad (1-3-1)$$

式(1-3-1)是外电路欧姆定律的定义式,可以根据定义式推导出另外的常用公式:

$$U = I \cdot R \qquad\qquad (1-3-2)$$

$$R = \frac{U}{I} \qquad\qquad (1-3-3)$$

在线性电路中,欧姆定律总是适用的。此时以导体两端电压为横坐标,导体中的电流 I 为纵坐标,所作出的曲线称为伏安特性曲线。这是一条通过坐标原点的直线,它的斜率为电阻的倒数,称为电导。具有这种性质的电器元件叫线性元件,其电阻叫线性电阻或欧姆电阻。

外电路欧姆定律常用来分析电路正常工作时的电流、电阻与电压之间的关系,并能间接知道电路的功耗,是电路分析与检修的基本理论。

在非线性电路中,由于欧姆定律不成立,所以伏安特性曲线不是过原点的直线,而是不同形状的曲线。把具有这种性质的电器元件叫作非线性元件。

2. 全电路欧姆定律

全电路中的总电流与电源的电动势成正比,与整个电路的总电阻成反比。总电阻指外电路电阻与电源内电阻之和,如图 1-3-2 所示。

$$I = \frac{E}{R + R_0} \qquad\qquad (1-3-4)$$

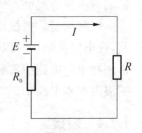

图 1-3-2
全电路欧姆定律

其中:E 为电源电动势,单位为伏特(V);R 是外电路电阻,R_0

是电源内阻。

全电路欧姆定律多用于对电源特性的分析,特别是现在比较流行的恒流电源。随着电路负载的功率变化,要求电源的内阻可以随功率而变化,对外提供恒定的电流。同时,对于一个电路系统的供电效率分析也有着很重要的应用。

1.3.2 基尔霍夫定律

基尔霍夫定律包括基尔霍夫第一定律和基尔霍夫第二定律,其中基尔霍夫第一定律称为基尔霍夫电流定律,简称 KCL;基尔霍夫第二定律称为基尔霍夫电压定律,简称 KVL。

为了说明基尔霍夫定律,先介绍支路、节点、回路、网孔、电压与电流参考方向及关联参考方向六个基本概念。

1. 支路

从电路的任一点出发,沿线路到达其他任何一点的路径,都可以看作支路。其中包含以下几种情况:

(1) 每个元件就是一条支路。

(2) 串联的元件视为一条支路。

(3) 在一条支路中电流分量处处相等。

2. 节点

两条或者两条以上的支路相交的汇集点,称为节点。其中包含以下几种情况:

(1) 支路与支路的连接点。

(2) 两条以上的支路的连接点。

(3) 广义节点(任意闭合面,即某一个区域)。

3. 回路

从线路中的某一点开始,经过若干条支路后,重新回到起点的这部分电路,称为回路。其中包含以下情况:

(1) 闭合的支路。

(2) 闭合节点的集合。

4. 网孔

当回路的闭合圈内不再含有其他支路的情况下,这种回路称为网孔。其中包含以下情况:

(1) 其内部不包含任何支路的回路。

(2) 网孔一定是回路,但回路不一定是网孔。

5. 电压与电流参考方向及关联参考方向

一个元件的电流或电压的参考方向可以独立地任意指定。如果指定流过元件的电流的参考方向从电压正极性的一端指向负极性的一端,即两者的参考方向一致,则把电流和电压的这种参考方向称为关联参考方向;当两者不一致时,称为非关联参考方向。

6. 基尔霍夫定律

(1) 基尔霍夫电流定律(KCL)。

基尔霍夫电流定律表述为:所有进入某节点的电流的总和等于所有离开此节点的电

流的总和。或者表述为:假设进入某节点的电流为正值,离开这个节点的电流为负值,则所有涉及这个节点的电流的代数和等于零。

以方程表达,对于电路的任意节点满足:

$$\sum_{k=1}^{n} i_k = 0 \qquad (1-3-5)$$

其中,i_k 是第 k 个进入或离开这节点的电流,是流过与这个节点相连接的第 k 个支路的电流,可以是实数或复数。

由定义可知基尔霍夫电流定律是确定电路中任意节点处各支路电流之间关系的定律,因此,又称为节点电流定律。

(2) 基尔霍夫电压定律(KVL)。

基尔霍夫电压定律表述为:沿着闭合回路所有元件两端的电势差(电压)的代数和等于零。即在任何一个闭合回路中,各元件上的电压降的代数和等于电动势的代数和,即从一点出发绕回路一周回到该点时,各段电压的代数和恒等于零,即:

$$\sum U = 0 \qquad (1-3-6)$$

或者描述为:沿着闭合回路的所有电动势的代数和等于所有电压降的代数和。

以方程表达,对于电路的任意闭合回路满足:

$$\sum_{k=1}^{m} v_k = 0 \qquad (1-3-7)$$

其中,m 是这个闭合回路的元件数目,v_k 是元件两端的电压,可以是实数或复数。

基尔霍夫电压定律不仅应用于闭合回路,也可以把它推广应用于回路的部分电路。

基尔霍夫定律建立在电荷守恒定律、欧姆定律及电压环路定理的基础之上,在稳恒电流条件下严格成立。当基尔霍夫电流方程与电压方程联合使用时,可正确迅速地计算出电路中各支路的电流值。由于似稳电流(低频交流电)具有的电磁波长远大于电路的尺寸,所以它在电路中每一瞬间的电流与电压均能在足够大的程度上满足基尔霍夫定律。因此,基尔霍夫定律的应用范围亦可扩展到交流电路之中。

1.3.3　戴维南定理

戴维南定理(又译为戴维宁定理)亦称等效电压源定律,其内容表述为:一个含有独立电压源、独立电流源及电阻的线性网络的两端,就其外部特性而言,在电气上可以用一个独立电压源U_s和一个二端网络的串联电阻组合来等效。在单频交流系统中,此定理不仅只适用于电阻,也适用于广义的阻抗。戴维南定理在多电源多回路的复杂直流电路分析中有重要应用。

1.3.4　诺顿定理

诺顿定理指的是一个由电压源及电阻所组成的具有两个端点的电路系统,都可以在电路上等效于由一个理想电流源 I 与一个电阻 R 并联的电路。对于单频的交流系统,此定理不只适用于电阻,亦可适用于广义的阻抗。诺顿等效电路是用来描述线性电源与阻抗在某个频率下的等效电路,此等效电路是由一个理想电流源与一个理想阻抗并联所组成的。

1.3.5　叠加定理

电路的叠加定理指出:对于一个线性系统,一个含多个独立源的双端线性电路的任何支路的响应(电压或电流),等于每个独立源单独作用时的响应的代数和,此时所有其他独立源被替换成它们各自的阻抗,即电源的内电阻。

为了确定每个独立源的作用,所有的其他电源必须"关闭"(置零)。即在所有其他独立电压源处用短路代替,从而消除电势差,即令 $V=0$;理想电压源的内部阻抗为零(短路)。

在所有其他独立电流源处用开路代替,从而消除电流,即令 $I=0$,理想的电流源的内部阻抗为无穷大(开路)。

依次对每个电源重复以上步骤,然后将所得的响应相加以确定电路的实际参数,所得到的电路参数是不同电压源和电流源的叠加。

叠加定理在电路分析中非常重要,它可以用来将任何电路转换为诺顿等效电路或戴维南等效电路。该定理适用于由独立源、受控源、无源器件(电阻器、电感、电容)和变压器组成的线性网络(时变或静态)。

> **注意**
>
> 叠加定理仅适用于电压和电流,而不适用于电功率。换句话说,其他每个电源单独作用的功率之和并不是真正消耗的功率。要计算电功率,我们应该先用叠加定理得到各线性元件的电压和电流,然后计算出倍增的电压和电流的总和。

1.3.6　焦耳定律

焦耳定律规定:电流通过导体所产生的热量和导体的电阻成正比,和通过导体的电流的平方成正比,和通电时间成正比。该定律是英国科学家焦耳于 1841 年发现的。焦耳定律是一个实验定律,它对任何导体和电路都适用,涉及电流热效应问题时,均可以使用焦耳定律来予以计算。公式如下:

$$Q = I^2 Rt \tag{1-3-8}$$

其中 Q 指热量,单位是焦耳(J),I 指电流,单位是安培(A),R 指电阻,单位是欧姆(Ω),t 指时间,单位是秒(s)。

第 2 章　常用电子元器件的识别与装配

2.1　电子元器件概述

电子元器件是组成电子电路最基本、最关键、最核心的部分,只有熟悉元器件的性能特点,才能合理地选用电子元器件。因此,选用合适的电子元器件也是电子电路设计成功的一半,尤其是常用元器件的特性更应该烂熟于心。

常用的电子元器件品种繁多,型号规格也有所不同,通常可将其分为无源元器件(元件)和有源元器件(器件)两类。

无源元器件:在电路中只需要输入信号,不需要外加电源就能正常工作的一类元器件,例如电阻器、电容器、电感器、变压器、二极管、扬声器、开关键、接插件等。

有源元器件:在电路中除了输入信号外,必须接有工作电源才能正常工作的一类元器件,例如三极管、晶闸管、集成电路等。

有源元器件和无源元器件对电路的工作条件、要求、工作方式不同,读者在学习和使用的过程中必须予以重视。

2.2　分立元件

分立元件:主要是指功能单一、结构简单的电路元件。如单阻值电阻器、二极管、电容器等。

分立元件的特点:内部结构与功能原理比较简单,外部引脚比较少,使用灵活,调试方便,应用非常广泛。

分立元件的种类与检测:分立元件种类繁多,型号也多,由于不同的生产厂家在生产过程中的目标不同,导致产品的质量也参差不一。下面列举一些常用的分立元件以及其简单的检测方法。

2.2.1　电阻器

1. 电阻器的含义与作用

电阻，顾名思义，就是阻碍电荷的移动。在实际工艺材料中，几乎所有的物质都具有电阻的作用。

根据电阻能力大小，物质可以分为绝缘体、半导体、导体三种。生产中用到的电阻器是根据实际需要，使用不同的工艺与材料制造出来的具有一定阻值的器件。

2. 电阻器的分类

根据制作材料分类，通常分为水泥电阻、碳膜电阻、金属膜电阻、金属氧化膜电阻、线绕电阻、贴片电阻等。

根据电阻器件使用功能特性分类，通常把电阻分为固定电阻（定值电阻）、可变电阻、熔断电阻、零电阻与特殊敏感可变电阻五种。其中，零电阻是生产线上自动装配工艺代替导线的电阻。

根据实际应用情况分类，可以分为普通电阻与特殊电阻两种，特殊电阻主要是指各种敏感电阻，如光敏电阻、压敏电阻、热敏电阻等。在敏感参数改变时，敏感电阻的阻值会发生改变。普通电阻指在误差范围内基本不变的电阻。

常用电阻如图 2-2-1 所示。

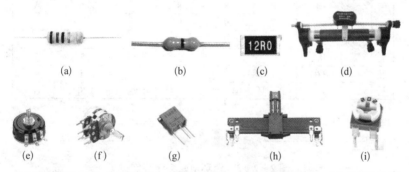

(a)　　　　　　　(b)　　　　　　(c)　　　　(d)

(e)　　　　(f)　　　　(g)　　　　(h)　　　　(i)

(a) 水泥色环电阻　(b) 零电阻　(c) 贴片电阻　(d) 线绕可调电阻　(e) 单联电位器
(f) 双联电位器　(g) 精密可调电位器　(h) 直推电位器　(i) 蓝白电位器

图 2-2-1　常见电阻

在现代生产工艺中，为了便于组织生产与产品的选型，大多数厂家往往只生产标准电阻或者是定制的电阻。标准电阻往往是指一系列固定参数而且不同厂家的产品可以互换的电阻。

3. 电阻器的参数

电阻器的参数主要包括它的电气参数与机械参数。机械参数主要指各种外观装配尺寸，一般情况可以通过查阅厂家的相关产品使用资料获得。电气参数则主要包括了电阻值、功率、误差范围等，常用直标法、色标法和数码表示法来标注。电阻值计量的单位是欧姆，用 Ω 来表示，常用的单位有千欧（kΩ）、兆欧（MΩ）。

（1）直标法。

直标法就是将电阻的阻值用数字和文字符号直接标在电阻体上。直标法主要用于体

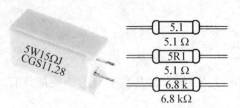

图 2-2-2　直标法标注电阻

积较大(功率大)的电阻上,其允许误差则用百分数表示,未标误差的电阻为±20%的允许误差。电阻直标法如图 2-2-2 所示。

(2)色标法。

色标法是将电阻的类别及主要技术参数的数值用颜色(色环或色点)标注在它的外表面上。色标电阻(色环电阻)可分为四环、五环标法。四环电阻各色环含义如图 2-2-3 所示。

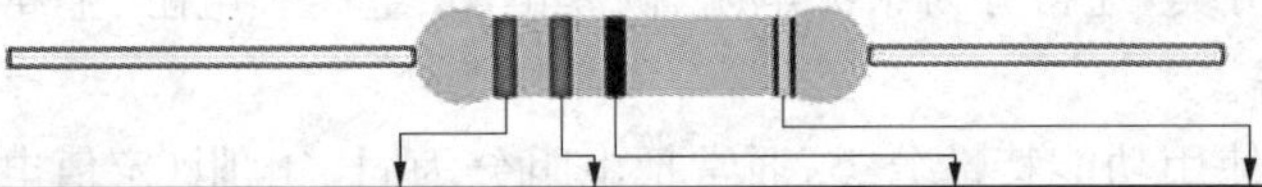

色	标	代表数	第一环	第二环		第三环	% 第四环	字母
棕		1	1	1	1	10	±1	F
红		2	2	2	2	100	±2	G
橙		3	3	3	3	1k		
黄		4	4	4	4	10k		
绿		5	5	5	5	100k	±0.5	D
兰		6	6	6	6	1M	±0.25	C
紫		7	7	7	7	10M	±0.1	B
灰		8	8	8	8		±0.05	A
白		9	9	9	9			
黑		0	0	0	0	1		
金		0.1				0.1	±5	J
银		0.01				0.01	±10	K
无			第一环	第二环	第三环	第四环	±20	H

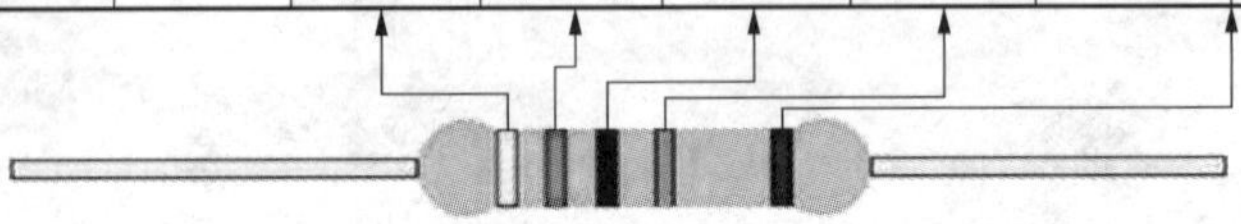

图 2-2-3　色环电阻各色环定义

快速识别色环电阻的要点是熟记色环所代表的数字含义,为方便记忆,色环代表的数字顺口溜如下:

1 棕 2 红 3 为橙,4 黄 5 绿在其中,

6 蓝 7 紫随后到,8 灰 9 白黑为 0,

尾环金银为误差,数字应为 5/10。

四色环电阻的色环表示标称值(2 位有效数字)及精度。

示例:色环为棕绿橙金表示 $15×10^3$ Ω=15 kΩ±5% kΩ 的电阻。

五色环电阻的色环表示标称值(3 位有效数字)及精度。

示例:色环为红紫绿黄棕表示 $275×10^4$ Ω=2.75 MΩ±1‰MΩ 的电阻。

一般四色环和五色环电阻表示允许误差的色环的特点是该色环距离其他环的距离较远。较标准的表示应是表示允许误差的色环的宽度是其他色环的 1.5～2 倍。

（3）数码表示法。

数码法是在电阻体的表面用三位数字或两位数字加 R 来表示标称值的方法。该方法常用于贴片电阻、排阻等。

**图 2 - 2 - 4
数码表示法**

示例：标注为"103"的电阻其阻值为 $10×10^3＝10$ kΩ，标注为"473"的电阻其阻值为 $47×10^3＝47$ kΩ，如图 2 - 2 - 4 所示。

注意

要将这种标注法与直标法区别开，如标注为 220 的电阻器，其阻值为 22 Ω，只有标注为 221 的电阻器，其阻值才为 220 Ω。

在电子装置、家用电器等电子线路中，常常有一些电阻器规定了电阻值和额定功率的范围。

电阻器的阻值，可以通过标在电阻器上的色环或印在电阻器上的文字读出，也可以用万用表测量，但电阻器的额定功率往往没有标出。对于常用的标准电阻器则可以通过测量电阻器的长度和直径来确定常用的碳膜电阻、金属膜电阻的额定功率值，以便在使用中能正确选用电阻器。常用电阻功率参数见表 2 - 2 - 1 所示。

表 2 - 2 - 1　常用电阻功率参数表

电阻额定功率	碳膜电阻器（RT）		金属膜电阻器	
W	长度（mm）	直径（mm）	长度（mm）	直径（mm）
0.125	11	3.9	6～8	2～2.5
0.25	18.5	5.5	7～8.3	2.5～2.9
0.5	28.5	5.5	10.8	4.2
1	30.5	7.2	13	6.6
2	48.5	9.5	18.5	8.6

2.2.2　电位器

1. 电位器的含义与作用

电位器实质上是一种具有三个或三个以上接头的可变电阻器，其阻值可在一定范围内连续可调。

2. 电位器的种类

按电阻体的材料分为碳质、薄膜和线绕电位器三种。它们的性能和特点与同材料的固定电阻器相似，所不同的只是电位器有可动的触点。因而使用电位器时需要考虑它的阻值变化特性、接触的可靠性、材料的耐磨性等。常见的线绕电位器的误差小于±10％，非线性电位器的误差小于±20％，其阻值、误差和型号均标在电位器上。

按调节机构的运动方式分为旋转式和直滑式（直推式）电位器。

按机构分为单联、双联、带开关、不带开关电位器；开关式电位器又有旋转式、推拉式、按键式等。

按用途分为普通电位器、精密电位器、功率电位器、微调电位器和专业电位器。

按输出特性和函数关系分为线性和非线性电位器。

线绕电位器的阻值变化特性一般都是直线式的。非线性电位器的阻值变化特性分为直线式(X型)、对数式(D型)、指数式(Z型)三种。所有X、D、Z字母符号一般印在电位器上,使用时应注意。

3. 电阻器与电位器的型号命名规范

为规范市场与生产,政府主管行政部门根据国家的实际情况,结合行业需要,对电阻器件的名称进行了规范,具体命名方法见表2-2-2所示。

表2-2-2　电阻器与电位器的型号命名规范

第一部分:主称		第二部分:材料		第三部分:特征分类			第四部分:序号
符号	意义	符号	意义	符号	意义		
					电阻器	电位器	
R	电阻器	T	碳膜	1	普通	普通	
W	电位器	H	合成膜	2	普通	普通	
M	敏感电阻	S	有机实芯	3	超高频	——	
		N	无机实芯	4	高阻	——	
		J	金属膜	5	高温	——	
		Y	氧化膜	6	——	——	
		C	沉积膜	7	精密	精密	
		I	玻璃釉膜	8	高压	特殊函数	对于主称、材料相同,仅性能指标、尺寸大小有差别,但不影响其在电路中的互换,则给予同一序号;若影响互换,则在序号后用大写字母作为区别代号。
		P	硼碳膜	9	特殊	特殊	
		U	硅碳膜	G	高功率	——	
		X	线绕	T	可调	——	
		M	压敏	X	——	小型	
		G	光敏	W	——	微调	
		R	热敏	D	——	多圈	
				B	温度补偿用	——	
				C	温度测量用	——	
				P	旁热式	——	
				W	稳压式	微调	
				Z	正温度系数		
				L	测量用		

另外,在给电子元器件标注参数的时候,一般以千进为倍率,使读数为最简,并以字母

来规范标注。具体表示方法见表 2-2-3 所示。

表 2-2-3 倍率的表示方法

倍率	10^6	10^3	10^0	10^{-3}	10^{-6}	10^{-9}	10^{-12}
字母	M	k	—	m	μ	n	p
读法	兆	千	—	毫	微	纳	皮

示例：精密金属膜电阻器

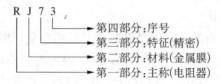

多圈线绕电位器

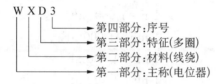

2.2.3 电容器

1. 电容的含义与电容器的作用

电容器是专门容纳储存电荷的电子元器件。由于电容器对电荷的储存与缓冲作用，使电容器的电压与电流呈现出微分或积分的关系。

电容的结构非常简单，主要由两块正负电极和夹在中间的绝缘介质组成，所以电容类型主要是由电极和绝缘介质决定的。

电容的基本工作原理就是通过电场的交替充电与放电，实现通交流、隔直流的功能。除此之外，还可以结合其他电路与元件，起整流、振荡以及其他的作用。常见用途如下：

（1）隔直流：作用是阻止直流通过而让交流通过。

（2）旁路（去耦）：为交流电路中某些并联的组件提供低阻抗通路。

（3）耦合：在低频信号的传递与放大过程中，为防止前后两级直流电路的静态工作点相互影响，常采用电容耦合方式，为了防止信号中低频分量损失过大，一般采用容量较大的电解电容来耦合。

（4）滤波：在电源电路中，整流电路将交流变成脉动的直流，而在整流电路之后接入一个较大容量的电解电容，利用其充放电特性，使整流后的脉动直流电压变成相对比较稳定的直流电压。在实际中，为了防止电路各部分供电电压因负载变化而产生变化，在电源的输出端及负载的电源输入端一般接有数十至数百微法的电解电容。由于大容量的电解电容一般具有一定的电感，对高频及脉冲干扰信号不能有效地滤除，故在其两端并联了一只容量为 0.001～0.1 pF 的电容，以滤除高频及脉冲干扰。在其他的电子线路中，有针对性地选用一定容量的电容器对信号进行滤波，可以屏蔽或者过滤不需要的信号，保留需要的信号。

（5）温度补偿：针对其他组件对温度的适应性不够带来的影响而进行补偿，改善电路的稳定性。

（6）计时：电容器与电阻器配合使用，确定电路的时间常数。

（7）调谐：对与频率相关的电路进行系统调谐，例如手机、收音机、电视机等。

（8）整流：在预定的时间开或者关闭半导体开关组件。

（9）储能：储存电能，以备不时之需。例如相机闪光灯、加热设备等。

2. 电容的主要特性参数

（1）容量：电容器上标有的电容值是电容器的标称容量。电容的基本单位是法拉，简称法（F）。但实际上，法拉是一个很不常用的单位，因为电容器的容量往往比1法拉小得多，常用的电容单位有毫法（mF）、微法（μF）、纳法（nF）和皮法（pF）。单位间的倍率关系是：

$$1\ F = 1\ 000\ mF$$
$$1\ mF = 1\ 000\ \mu F$$
$$1\ \mu F = 1\ 000\ nF$$
$$1\ nF = 1\ 000\ pF$$

一般情况，电容器上都直接标出其电容量，也有用数字来标注容量的。通常在容量小于10 000 pF的时候，用pF做单位，大于10 000 pF的时候，用μF做单位。为了简便起见，大于100 pF而小于1 μF的电容常常不标注单位。没有小数点的，它的单位是pF，有小数点的，它的单位是μF。如有的电容上标有"332"（3 300 pF）三位有效数字，左起两位给出电容量的第一、二位数字，而第三位数字则表示在后加0的个数，单位是pF。

（2）容量误差：实际电容量和标称电容量允许的最大偏差范围。一般分为3级：Ⅰ级±5%，Ⅱ级±10%，Ⅲ级±20%。在有些情况下，还有0级，误差为±20%。精密电容器的允许误差较小，而电解电容器的误差较大，它们采用不同的误差等级。常用的电容器其精度等级和电阻器的表示方法相同。小于10 pF的电容精度用字母表示，见表2-2-4所示。

表2-2-4 国产电容器的精度字母标注方法表

符 号	B	C	D	F	G	J
允许误差	±0.1%	±0.25%	±0.5%	±1%	±2%	±5%
符 号	K	L	M	N	Z	
允许误差	±10%	±15%	±20%	±30%	+80%	

电容器特性参数在标注时只标注主要参数，有些行业中默认的参数则不标。例如，电解电容器要标注标称电容量与耐电压，而陶瓷电容只标注标称电容量。标注的方法类似于电阻器的标注方法。

直标法:用字母和数字把型号、规格直接标在外壳上。

文字符号法:用数字、文字符号有规律的组合来表示容量。

(3) 额定工作电压:电容器在电路中能够长期稳定、可靠工作所承受的最大直流电压,又称耐压。对于结构、介质、容量相同的器件,耐压越高,体积越大。

(4) 温度系数:在一定温度范围内,温度每变化 1℃,电容量的相对变化值。温度系数越小越好。

(5) 绝缘电阻:用来表明漏电大小的。一般小容量的电容,绝缘电阻很大,为几百兆欧姆或几千兆欧姆。电解电容的绝缘电阻一般较小。相对而言,绝缘电阻越大越好,漏电也小。

(6) 损耗:在电场的作用下,电容器在单位时间内发热而消耗的能量。这些损耗主要来自介质损耗和金属损耗。通常用损耗角正切值来表示。

(7) 频率特性:电容器的电参数随电场频率而变化的性质。在高频条件下工作的电容器,由于介电常数在高频时比低频时小,电容量相应减小,损耗也随频率的升高而增加。此外,在高频工作时,电容器的分布参数,如极片电阻、引线和极片间的电阻、极片的自身电感、引线电感等,都会影响电容器的性能。所有这些,使得电容器的使用频率受到限制。

不同品种的电容器,最高使用频率不同。小型云母电容器在 250 MHz 以内,圆片型瓷介电容器为 300 MHz,圆管型瓷介电容器为 200 MHz,圆盘型瓷介电容器可达 3 000 MHz,小型纸介电容器为 80 MHz,中型纸介电容器只有 8 MHz。

3. 电容器的分类

电容器的种类很多,分类方法也有多种。

(1) 按极性分类,分为极性电容与无极性电容。

极性电容的两个电极称为正极与负极,在装配的时候,要优先按极性方向安装,一般情况下是要求把正极端装配到电路的常态高电位端。无极性电容虽然没有极性的装配要求,但由于电容器的参数标注在检修过程中具有很强的指导意义,所以无极性电容器的装配要优先按标注参数便于查看的方向来安装。

(2) 按介电材料分类,分为电解电容、纸介电容器、涤纶电容器、聚苯乙烯电容器、聚丙烯电容器、聚四氟乙烯电容器、聚酰亚胺薄膜电容器、聚碳酸酯薄膜电容器、复合薄膜电容器、叠片形金属化聚碳酸酯电容器、漆膜电容器、云母电容器、瓷介电容器、玻璃釉电容器等。

(3) 按结构分类,常见电容如图 2-2-5 所示,分为固定电容、可变电容和微调电容。

4. 电容的型号命名方法

各国电容器的型号命名很不统一,国产电容器的命名由四部分组成:

第一部分:用字母表示名称,电容器为 C。

第二部分:用字母表示材料。

第三部分:用字母表示分类。

第四部分:用数字表示序号。

具体含义见表 2-2-5 所示,由于电容的应用区分很细,在型号的第三部分经常会看到有用数字来表示的情况,具体含义见表 2-2-6 所示。

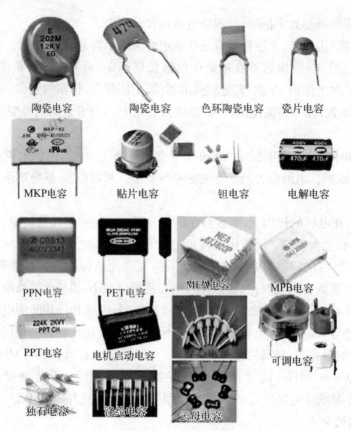

陶瓷电容　　　陶瓷电容　　色环陶瓷电容　　瓷片电容

MKP电容　　　贴片电容　　　钽电容　　　电解电容

PPN电容　　　PET电容　　　MEA电容　　　MPB电容

PPT电容　　　电机启动电容　　　　　　　　可调电容

独石电容　　　涤纶电容　　　云母电容

图 2-2-5　常见电容

表 2-2-5　国产电容器的型号命名方法

第一部分:主称		第二部分:材料		第三部分:特征		第四部分:序号
符号	意义	符号	意义	符号	意义	
C	电容器	C I O Y V Z J B F L S Q H D A G N T M	瓷介 玻璃釉 玻璃膜 云母 云母纸 纸介 金属化纸 聚苯乙烯 聚四氟乙烯 涤纶 聚碳酸酯 漆膜 纸膜复合 铝电解 钽电解 金属电解 铌电解 钛电解 压敏	T W J X S D M Y C	铁电 微调 金属化 小型 独石 低压 密封 高压 穿心式	包括: 品种 尺寸 代号 标称值 温度特性 允许误差 标准代号 直流工作电压

表 2 - 2 - 6　电容器型号特征代码表

数字	瓷介电容器	云母电容器	有机电容器	电解电容器
1	圆片		非密封	箔式
2	管型	非密封	非密封	箔式
3	迭片	密封	密封	烧结粉液体
4	独石	密封	密封	烧结粉固体
5	穿心		穿心	
6				
7				无极性
8	高压	高压	高压	
9			特殊	特殊

色标法：和电阻的表示方法相同，单位一般为 pF。

小型电解电容器的耐压也可以用色标法标注，位置靠近正极引出线的根部，所表示的意义见表 2 - 2 - 7 所示。

表 2 - 2 - 7　国产电容器的耐压颜色标注方法表

颜色	黑	棕	红	橙	黄	绿	蓝	紫	灰
耐压	4 V	6.3 V	10 V	16 V	25 V	32 V	40 V	50 V	63 V

2.2.4　电感器

1. 电感器原理与作用

电感器（如图 2 - 2 - 6）俗称为电感线圈或简称线圈，电感器的工作原理是基于线圈的电磁感应现象，因而把具有单个线圈结构的元件称为电感器。其特点是电能与磁场能之间在特定的条件下实现互相转化，因此，理想的电感器没有电能损耗，只是两种不同能量在不同条件下的互相转化。

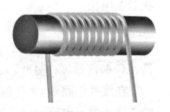

图 2 - 2 - 6
电感器结构示意图

电感器是能够把电能转化为磁能而存储起来的元件。电感器一般由骨架、绕组、屏蔽罩、封装材料、磁芯或铁芯等组成，电感器的结构与变压器类似，但只有一个绕组。此外，电感器可以带铁芯，也可不带铁芯，加入铁芯后的电感器，相比同规格的无芯电感器，其电感量会大大增加。

电感器具有一定的电感，具体表现为它只阻碍电流的变化。如果电感器在没有电流通过的状态下，电路接通时它将试图阻碍电流流过；如果电感器在有电流通过的状态下，电路断开时它将试图维持电流不变。

电感器在电路中主要起到滤波、振荡、延迟、陷波作用，还有筛选信号、过滤噪声、稳定电流及抑制电磁波干扰等作用。

电感器在电路中最常见的应用就是与电容组成 LC 滤波电路。电容具有"阻直流，通交流"的特性,而电感则有"通直流,阻交流"的功能。如果把伴有许多干扰信号的直流电通过 LC 滤波电路,那么,干扰信号中频率较高的部分在电容的并联旁路作用下被过滤,而频率较低的干扰信号伴随直流信号通过电感时,将被电感吸收转化为其他能量,所以,只有纯净直流信号通过了 LC 滤波电路,该电路是最常见的去干扰滤波电路之一。

电感器具有阻止交流电通过而让直流电顺利通过的特性,频率越高,线圈阻抗越大。

通直流:指电感器对直流呈通路状态,在直流电路中,当有电流流过电感时,瞬间会在线圈内产生感应磁场,而磁场又会感应出电流,感应的电流和流过的电流方向相反,会阻碍外部的电流流过,一旦流过的电流稳定下来,感应磁场就不会再发生变化,从而可以让直流电流顺利地流过。如果不计电感线圈的电阻,那么直流电可以"畅通无阻"地通过电感器。对直流而言,线圈自身电阻对直流的阻碍作用很小,所以在电路分析中往往忽略不计。

阻交流:当交流电通过电感线圈时电感器对交流电存在着阻碍作用,阻碍交流电的是电感线圈的感抗。在交流电中,交流电流入电感器,此时电感器就会阻碍它的变化,不会一下子让它变得很大而是慢慢地增加。当交流电失去时,电感器不会让它一下子失去,而是缓慢地让它慢慢变小直至完全消失。此过程可以通过白炽灯的亮度变化看得很清楚。在交流电回路中,电感器、白炽灯、开关等串联在回路中,当合上开关后,白炽灯不会瞬间变亮,而是由暗到亮;当开关断开时,白炽灯不会突然熄灭,而是由亮变暗。电感器在整个过程中起到来拒去留的作用,即电能转换成磁能,然后再是磁能转换电能。前者是白炽灯由暗变亮,后者白炽灯由亮变暗。

因此,电感器的主要功能是对交流信号进行隔离、滤波或与电容器、电阻器等组合构成谐振电路。

2. 电感器的主要特性参数

电感元件以电感量 L 表示。电感器在电路中经常和电容器一起工作,构成 LC 滤波器、LC 振荡器等。另外,人们还利用电感的特性,制造了阻流圈、变压器、继电器等。

在线性电路中,元件的"伏安关系"是线性电路分析中除了基尔霍夫定律以外的必要的约束条件。电感元件的伏安关系是 $u = L(\mathrm{d}i/\mathrm{d}t)$,即电感元件两端的电压,除了电感量 L 以外,与电阻元件 R 不同,它不是取决于电流 i 本身,而是取决于电流对时间的变化率 $(\mathrm{d}i/\mathrm{d}t)$。电流变化愈快,电感两端的电压愈大,反之则愈小。因此,在"稳态"情况下,当电流为直流时,电感两端的电压为零;当电流为正弦波时,电感两端的电压也是正弦波,但在相位上要超前电流$(\pi/2)$;当电流为周期性等腰三角形波时,电压为矩形波,如此等等。总的来说,电感两端的电压波形比电流变化得更快,含有更多的低频成分。当电流以 1 安培/秒的变化速率穿过一个 1 亨利的电感元件时,可引起 1 伏特的感应电动势。当缠绕导体的导线匝数增多,导体的电感会变大。此外,每匝(环路)面积与缠绕材料都会影响电感大小。

电感器的特性与电容器的特性正好相反,它具有阻止交流电通过而让直流电顺利通过的特性。直流信号通过线圈时的电阻就是导线本身的电阻,产生的压降很小;当交流信号通过线圈时,线圈两端将会产生自感电动势,自感电动势的方向与外加电压的方向相反,阻碍交流的通过,所以电感器的特性是通直流、阻交流,频率越高,线圈阻抗越大。

电感器的储能特性用电感量来衡量。电感量的基本单位是亨利,用符号 H 表示。较小的单位是毫亨(mH)和微亨(μH),它们之间的倍率关系是:

$$1 \ 亨利(H) = 1 \ 000 \ 毫亨(mH)$$

$$1 \ 毫亨(\ mH) = 1 \ 000 \ 微亨(\mu H)$$

电感量的大小主要取决于线圈的尺寸、线圈匝数及有无磁芯等。线圈的横截面积越大,其电感量也越大;线圈的圈数越多,绕制越集中,电感量越大;线圈内有磁芯的,电感量大;磁芯导磁率越大,电感量越大。电感线圈的用途不同,所需的电感量也不同。例如,在高频电路中,线圈的电感量一般为 0.1～100 mH;而在电源整流滤波中,线圈的电感量可达 1～30 H。

电感器在制造过程中实际电感量会偏离标称电感量,其限制的偏离范围叫允许偏差(也叫误差),常用最大允许差值与标称值的百分比来表示。允许偏差值越小,表示电感器的电感量精度越高。

由于电感线圈是由导线绕成的,总会具有一定的电阻。一般而言,直流电阻越小,电感线圈的性能越好。电感器的一个重要参数是品质因数,用字母 Q 表示,简称 Q 值。Q 值越大,电感器自身的损耗越小,在用电感器和电容器组成谐振电路时,选择性越好。举例来说,收音机的磁性天线线圈大多采用多股漆包线绕制,就是为了提高它的 Q 值,改善收音机的选择性。

另外,线圈的匝与匝间、层与层间以及使用中的线圈与电路金属底板、连接导线、其他元器件之间都存在着等效电容,称之为分布电容。一般情况下,线圈分布电容的数值是很小的,但它的存在会使 Q 值降低,稳定性变差。线圈的分布电容应越小越好。

成品电感器的标注方法常见的有直接标注法、数字符号标注法、数码标注法和颜色标注法(简称"色标法")4 种。标注内容主要是电感量和允许偏差,有的还标出型号和额定电流等。

(1)直接标注法。

该方法将标称电感量直接用数字和文字符号印在电感器的外壳上,后面用一个英文字母表示其允许偏差(误差),如图 2-2-7 所示。各字母所代表的允许偏差见表2-2-8所示。例如,100 μHK 表示标称电感量为 100 μH,允许偏差为±10%;2.5 mH J 表示标称电感量为 2.5 mH,允许偏差为±5%;150 μH M 表示标称电感量为 150 μH,允许偏差为±20%。需要说明的是,一些国产电感器的允许偏差不采用英文字母表示,而是采用"Ⅰ、Ⅱ、Ⅲ"3 个等级来表示,其中:Ⅰ级为±5%,Ⅱ级为±10%,Ⅲ级为±20%。这与一些国产电阻器、电容器的表示方法是完全一致的。

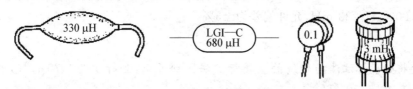

图 2-2-7　直接标注的电感器

表 2-2-8　电感器所标字母代表的允许偏差值

英文字母	允许偏差(％)	英文字母	允许偏差(％)
Y	±0.001	D	±0.5
X	±0.002	F	±1
E	±0.005	G	±2
L	±0.01	J	±5
P	±0.02	K	±10
W	±0.05	M	±20
B	±0.1	N	±30
C	±0.25		

（2）数字符号标注法。

这种方法是将电感器的标称值和允许偏差值用数字和文字符号按一定的规律组合标注在电感器上。采用这种标注方法的通常是一些小功率电感器，其单位通常为nH(1 μH＝1 000 nH)或 μH,分别用字母"N"或"R"表示。在遇有小数点时,还用该字母代表小数点。例如,在图 2-2-8 所示的实例中,4R7 则代表电感量为 4.7 μH;1R5 表示电感量为 1.5 μH。采用这种标注法的电感器通常还后缀一个英文字母表示允许偏差,各字母代表的允许偏差与直接标注法相同(见表 2-2-8)。

图 2-2-8　数字符号组合标注的电感器

（3）数码标注法。

该方法用 3 位数字来表示电感器的标称电感量,如图 2-2-9 所示。在 3 位数字中,从左至右的第 1、第 2 位为有效数字,第 3 位数字表示有效数字后面所加"0"的个数。

图 2-2-9　数码标注的电感器

数码标示法的电感量单位为 μH。电感量单位后面用一个英文字母表示其允许偏差,各字母代表的允许偏差见表 2-2-8 所示,例如,标示为"151K"的电感量为 $15 \times 10 = 150 \mu H$,允许偏差为 ±10％;标示为"333J"的电感量为 $33 \times 10^3 = 33\,000 \mu H = 33\,mH$,允许偏差为 ±5％。

注意

要将数码标注法与传统的直接标注法区别开来,如标示为"470 K"的电感量为 $47 \mu H$,而不是 470 μH。

（4）颜色标注法。

多采用如图 2-2-10 所示的 4 色环表示电感量和允许偏差，其电感量单位为 μH。第 1、2 环表示两位有效数字，第 3 环表示倍乘数，第 4 环表示允许偏差。需要注意的是，紧靠电感体一端的色环为第 1 环，露着电感体本色较多的另一端为末环。这种色环标志法与色环电阻器标注法相似，各色环颜色的含义与色环电阻器相同，如图 2-2-3 所示。

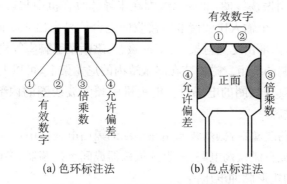

(a) 色环标注法　　　　　　(b) 色点标注法

图 2-2-10　颜色标注法的电感器

此外，还有在电感器外壳上通过色点标注电感量数值和允许误差，误差范围表示类似于电阻器的标注方法。例如，某电感器的色环(色点)颜色顺序是"棕、黑、金、金"，那么它的电感量为 1 μH，允许偏差为 5%。颜色标注法常用于小型固定高频电感线圈。因采用色标法，常把这种电感器叫作色码电感器。这种方法也在电阻器和电容器中采用，区别在于器件本身的底色。其中：碳膜电阻器底色为米黄色，金属膜电阻器为天蓝色，电容器为粉红色，电感器为草绿色。

国产 LG 型小型固定电感器用色码表示电感量，并用字母来表示它的额定工作电流：A 表示 50 mA，B 表示 150 mA，C 表示 300 mA，D 表示 700 mA，E 表示 1 600 mA (1.6 A)。额定电流是指电感器在正常工作时，所允许通过的最大电流。使用中，电感器的实际工作电流必须小于额定电流，否则电感线圈将会严重发热，甚至烧毁。

3. 电感器的分类

（1）小型电感器。

小型固定电感器通常是用漆包线在磁芯上直接绕制而成，主要用在滤波、振荡、陷波、延迟等电路中，它有密封式和非密封式两种封装形式，两种形式又都有立式和卧式两种外形结构。

立式密封固定电感器采用同向型引脚，国产电感量范围为 0.1～2 200 μH(直标在外壳上)，额定工作电流为 0.05～1.6 A，误差范围为 ±5%～±10%。进口的电感器，额定工作电流范围更大，误差更小。进口有 TDK 系列色码电感器，其电感量用色点标注在电感器表面。

卧式密封固定电感器采用轴向型引脚，国产有 LG1、LGA、LGX 等系列。

LG1 系列电感器的电感量范围为 0.1～22 000 μH(直标在外壳上)。

LGA 系列电感器采用超小型结构，外形与 1/2 W 色环电阻器相似，其电感量范围为 0.22～100 μH(用色环标在外壳上)，额定电流为 0.09～0.4 A。

LGX 系列色码电感器也为小型封装结构,其电感量范围为 0.1～10 000 μH,额定电流分为 50 mA、150 mA、300 mA 和 1.6 A 四种规格。

（2）可调电感器。

常用的可调电感器有半导体收音机用振荡线圈、电视机用行振荡线圈、行线性线圈、中频陷波线圈、音响用频率补偿线圈、阻波线圈等。

半导体收音机用振荡线圈:此振荡线圈在半导体收音机中与可变电容器等组成本机振荡电路,用来产生一个输入比调谐电路接收的电台信号高出 465 kHz 的本振信号。其外部为金属屏蔽罩,内部由尼龙衬架、工字形磁芯、磁帽及引脚座等构成,在工字磁芯上有用高强度漆包线绕制的绕组。磁帽装在屏蔽罩内的尼龙架上,可以上下旋转动,通过改变它与线圈的距离来改变线圈的电感量。电视机中频陷波线圈的内部结构与振荡线圈相似,只是磁帽可调磁芯。

电视机用行振荡线圈:行振荡线圈用在早期的黑白电视机中,它与外围的阻容元件及行振荡晶体管等组成自激振荡电路(三点式振荡器或间歇振荡器、多谐振荡器),用来产生频率为15 625 Hz 的矩形脉冲电压信号。

该线圈的磁芯中心有方孔,行同步调节旋钮直接插入方孔内,旋动行同步调节旋钮,即可改变磁芯与线圈之间的相对距离,从而改变线圈的电感量,使行振荡频率保持为15 625 Hz,与自动频率控制电路(AFC)送入的行同步脉冲产生同步振荡。

行线性线圈:行线性线圈是一种非线性磁饱和电感线圈(其电感量随着电流的增大而减小),它一般串联在行偏转线圈回路中,利用其磁饱和特性来补偿图像的线性畸变。

行线性线圈是用漆包线在"工"字型铁氧体高频磁芯或铁氧体磁棒上绕制而成,线圈的旁边装有可调节的永久磁铁。通过改变永久磁铁与线圈的相对位置来改变线圈电感量的大小,从而达到线性补偿的目的。

（3）阻流电感器。

阻流电感器是指在电路中用以阻塞交流电流通路的电感线圈,它分为高频阻流线圈和低频阻流线圈。

高频阻流线圈也称高频扼流线圈,它用来阻止高频交流电流通过。高频阻流线圈工作在高频电路中,多采用空心或铁氧体高频磁芯,骨架用陶瓷材料或塑料制成,线圈采用蜂房式分段绕制或多层平绕分段绕制。

低频阻流线圈也称低频扼流圈,它应用于电流电路、音频电路或场输出等电路,其作用是阻止低频交流电流通过。

通常,将用在音频电路中的低频阻流线圈称为音频阻流圈,将用在输出电路中的低频阻流线圈称为场阻流圈,将用在电流滤波电路中的低频阻流线圈称为滤波阻流圈。

低频阻流圈一般采用"E"形硅钢片铁芯(俗称矽钢片铁芯)、坡莫合金铁芯或铁淦氧磁芯。为防止通过较大直流电流引起磁饱和,安装时在铁芯中要留有适当空隙。

2.2.5　变压器

1. 变压器的原理与作用

顾名思义,变压器的主要作用是用来实现电压变换的,但除了能实现电压变换以外,它还能实现其他的一些功能,包括阻抗变换、电流变换、电气隔离等。

如图 2-2-11 所示,根据电磁感应原理,为了提高电能传输的效率,变压器都需要使用铁芯来架设磁路,而且变压器需要使用两组或者两组以上的线圈来实现电量的变换。其中,初级线圈又叫一次线圈(图 2-2-11 中的左侧线圈),次级线圈又叫二次线圈(图 2-2-11 的右侧线圈)。需要变换的电能从初级线圈输入,并在线圈中激励起频率与电源交变频率一致的交变磁场,铁芯具有良好的导磁性能,把交变磁场传递到次级线圈,次级线圈在交变磁场的感应下产生与两组线圈匝数比相对应的电压输出。

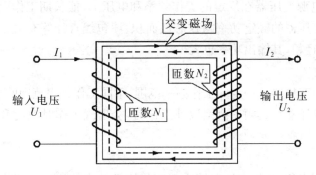

图 2-2-11　变压器的原理结构图

2. 变压器的主要特性参数

变压器的主要电气参数有变压比、额定电压、空载电流、空载损耗、绝缘电阻、频率特性、额定功率和效率。

(1) 变压比。

变压比 n 与一次、二次绕组的匝数和电压之间的关系如下:

$$n = \frac{V_1}{V_2} = \frac{N_1}{N_2} \tag{2-2-1}$$

式中 N_1 为变压器一次(初级)绕组,N_2 为二次(次级)绕组,V_1 为一次绕组两端的电压,V_2 是二次绕组两端的电压。升压变压器的电压比 n 小于 1,降压变压器的电压比 n 大于 1,隔离变压器的电压比等于 1。

(2) 额定电压。

额定电压是指在变压器的线圈上所允许施加的电压,工作时不得大于规定值。这是由变压器的绝缘能力所决定的,绝缘能力越强,则变压器的耐压能力越强,越能承受高电压。当线圈的电压高于其极限值时,绝缘材料的性能快速下降,从而导致绝缘击穿,严重情况下会造成爆炸的恶果。因此,为了保证变压器的安全运行,在极限电压下设定一个安全的额定电压,使变压器能安全、稳定运行。

(3) 空载电流。

变压器次级开路时,初级仍有一定的电流,这部分电流称为空载电流。空载电流由磁化电流(产生磁通)和铁损电流(由铁芯损耗引起)组成。对于 50 Hz 电源变压器而言,空载电流基本上等于磁化电流。

（4）空载损耗。

指变压器次级开路时，在初级测得的功率损耗。主要损耗是铁芯损耗，其次是空载电流在初级线圈铜阻上产生的损耗（铜损），这部分损耗很小。

（5）绝缘电阻。

绝缘电阻表示变压器各线圈之间、各线圈与铁芯之间的绝缘性能。绝缘电阻的高低与所使用的绝缘材料的性能、温度高低和潮湿程度有关。

（6）额定功率 P。

额定功率指电源变压器在规定的工作频率和电压下，能长期工作而不超过限定温度时的输出功率。变压器的额定功率与铁芯截面积、漆包线直径等有关。变压器的铁芯截面积大，漆包线直径粗，其输出功率也大。

（7）频率特性 f。

频率特性是指变压器有一定的工作频率范围，不同工作频率范围的变压器，一般不能互换使用。因为变压器在其频率范围以外工作时，会出现工作时温度升高或不能正常工作等现象。

（8）效率 η。

效率是指在额定负载时，变压器输出功率与输入功率的比值。该值与变压器的输出功率成正比，即变压器的输出功率越大，效率也越高；变压器的输出功率越小，效率也越低。变压器的效率值一般在 $60\%\sim100\%$ 之间。

3. 变压器的分类

变压器在原理结构上几乎都是大同小异的，主要由初级线圈、铁芯、次级线圈、外壳与引出装置等组成，但按其应用领域可分为电力变压器与电子变压器两大类，由于本书主要针对电子应用技术范畴，故重点讲电子变压器的应用，电力变压器可参阅其他相关资料。

电子变压器与电力变压器的主要区别在于以下两方面：

第一，电力变压器功率大，专门用于供电配电线路，而电子变压器用于功率相对较小的电子线路中，结合其他的电子线路实现复合功能。在电子线路中的变压器，变压只是其中的一个过程，并不是最终需要的结果。

第二，电力变压器的应用功能单一，只单纯地实现电压变换与相关的参数变换，而在电子线路的变压器则会根据实际需要，灵活设计其结构与功能，从而在应用上比电力变压器更为广泛。

电子变压器：按抽头数目分类，分为二抽头变压器与多抽头变压器。二抽头变压器只能实现单一的变压比，而多抽头变压器则可以组合出多电压输出，以满足电子线路中对不同电压的需求。

按使用目的分类，分为升压变压器、降压变压器、隔离变压器、整流变压器、变频变压器、倒相变压器、阻抗匹配变压器、逆变变压器、储能变压器、滤波变压器、音频变压器、脉冲变压器等。

2.2.6　晶体二极管

1. 晶体二极管的原理与作用

因为晶体二极管由刻蚀了 PN 结的晶体与封装材料所组成,其工作原理与 PN 结是一样的,都具有单向导电的特性。因此,它的主要作用是整流。

二极管在生产的过程中,在材料的选择上、工艺流程上与 PN 结的结构上加以组合,可得到一些不同特性的二极管,不同类型的二极管有不同的特性参数。主要包括:最大整流电流、最高反向工作电压、反向电流、动态电阻、最高工作频率、电压温度系数。

(1) 最大整流电流 I_F。

最大整流电流指二极管长期连续工作时,允许通过的最大正向平均电流值,其值与 PN 结面积及外部散热条件等有关。因为电流通过管子时会使管芯发热,温度上升,温度超过容许限度(硅管为 141℃ 左右,锗管为 90℃ 左右)时,就会使管芯过热而损坏,所以在规定散热条件下,二极管使用中不要超过二极管最大整流电流值。例如,常用的 IN4001 - 4007 型锗二极管的额定正向工作电流为 1A。

(2) 最高反向工作电压 U_{drm}。

加在二极管两端的反向电压高到一定值时,会将管子击穿,使二极管失去单向导电能力。为了保证使用安全,规定了最高反向工作电压值。例如,IN4001 二极管反向耐压为 50 V,IN4007 反向耐压为 1 000 V。

(3) 反向电流 I_{drm}。

反向电流指二极管在常温(25℃)和最高反向电压作用下,流过二极管的反向电流。反向电流越小,管子的单向导电性能越好。值得注意的是反向电流与温度有着密切的关系,大约温度每升高 10℃,反向电流增大一倍。例如 2AP1 型锗二极管,在 25℃ 时反向电流若为 250 μA,温度升高到 35℃,反向电流将上升到 500 μA。依此类推,在 75℃ 时,它的反向电流已达 8 mA,不仅失去了单方向导电特性,还会使管子过热而损坏。又如,2CP10 型硅二极管,25℃ 时反向电流仅为 5 μA,温度升高到 75℃ 时,反向电流也不过 160 μA。故硅二极管比锗二极管在高温下具有较好的稳定性。

(4) 动态电阻 R_d。

二极管特性曲线静态工作点 Q 附近电压的变化与相应电流的变化量之比。

(5) 最高工作频率 f_M。

f_M 是二极管工作的上限频率。因二极管与 PN 结一样,其结电容由势垒电容组成,所以 f_M 的值主要取决于 PN 结结电容的大小。若超过 f_M 值,则单向导电性将受影响。

(6) 电压温度系数 α_{uz}。

α_{uz} 指温度每升高 1℃ 时的稳定电压的相对变化量。U_z 为 6 V 左右的稳压二极管的温度稳定性较好。

2. 晶体二极管的分类

二极管种类有很多:

按照所用的半导体材料,分类分为锗二极管(Ge 管)和硅二极管(Si 管)。

按照其用途,分类分为检波二极管、整流二极管、稳压二极管、开关二极管、隔离二极管、肖特基二极管、发光二极管、硅功率开关二极管、旋转二极管等。

按照管芯结构分类,分为点接触型二极管、面接触型二极管及平面型二极管。点接触型二极管是用一根很细的金属丝压在光洁的半导体晶片表面,通以脉冲电流,使触丝一端与晶片牢固地烧结在一起,形成一个 PN 结。由于是点接触,只允许通过较小的电流(不超过几十毫安),适用于高频小电流电路,如收音机的检波电路。面接触型二极管的 PN 结面积较大,允许通过较大的电流(几安到几十安),主要用于把交流电变换成直流电的整流电路中。平面型二极管是一种特制的硅二极管,它不仅能通过较大的电流,而且性能稳定可靠,多用于开关、脉冲及高频电路中。

2.3   分立元件的常用检测方法

2.3.1   常见故障及原因分析

电路的工作状态主要有断路、空载、轻载、满载、过载与短路六种。在这六种不同的工作状态中,一般认为只有轻载与满载是属于正常工作状态,其他的都属于非正常工作状态,即故障状态。

发生故障的原因有很多,既有可能是因为电子元器件损坏导致故障的情况,也有可能是由线路异常导致故障的情况。随着电子元器件的工艺日益成熟,元器件的稳定性不断提高,使用寿命也越来越长,特别是电路的集成化,使电路的可靠性更是大大提高。所以,除了因电子元器件的老化原因引起故障外,日常发生的电子线路故障多数是由于线路异常导致的。此处应该强调电子线路所采用元器件的质量必须是符合国家标准的前提下所作的假设,如果采用劣质元器件制造电子线路,则元器件损坏导致的故障会比较多见,尤其是带调整功能的元器件更容易出现损坏的现象。

对于电子线路的故障,以断路现象最为常见,占故障率的 75% 以上。断路现象表现多样,需要根据其断路的现象去寻找出断路点。一个电路,特别是新手装配的电路,可能出现很多断路点。由于电路就是利用电能与电功率去处理信息信号或者驱动能量转换输出的系统,所以检修的时候也应该针对这两大方向逐步检查。

当供电线路出现断点,则电子线路完全没通电或者部分电路通电,造成断路点之前有电压信号而断路点之后电压信号丢失,检修思路应该按电源通路方向逆向寻找电压信号,确定其断路点。

当信息信号线路出现断点,则在断点之后的信号会丢失或者异常,检修思路应该按信息信号传输的逆向方向检查信号的参数是否正常,以确定信号的断点。

过载往往是由于元件参数发生改变,例如,元件老化、损坏、调整不当、超限接入等引起电路参数超过安全值。

短路则是指由于人为的或者非人为的原因直接把电源或者信号端的端子直接连接的情况。比如在焊接中,由于操作不当,导致相邻两个不同节点的焊盘被焊锡搭桥,装配过程中产生的一些导电碎屑填充了两个不同电气节点之间的空隙,装配中的误操作把两个不同电位的端子直接连接等。短路是过载的极端情况，是电路的实际消耗功率超过电路安全功率的现象。由于电路的工作电流或者工作电压超过了安全值，如果长时间过载的话，电路将会加速老化，甚至直接烧毁，导致严重后果。

2.3.2　检测方法

1. 目测法

目测法指用眼睛检视的方法对电路的装配工艺进行检查。细心地目测，可以发现漏装、短路、搭桥、漏焊、虚焊、元件装错、极性装错、明显的断路等问题。

目测法是检查的第一步，对电子线路板的元件安装面和焊接面都要检查，而且在线路板通电测试前必须要做细致的目测检查。特别是装配新手，更加需要对自己的装配结果进行反复的目测检查，以保证装配的质量。

目测法一般分以下三步完成。

先检查元件的安装位置、对应的元件参数和元件安装的方向是否正确。如果发现有不正确的，要先及时纠正。

然后检查元件有没有在装配的过程中出现损坏。因为在装配的过程中，焊接的热量过大，对于一些比较脆弱的元件会造成机械损伤与热损伤，比如塑料结构较多的电位器、开关等，焊接过程的高温可能导致塑料熔化和变形移位，导致元件功能失效。

最后检查焊接面的焊接工艺。手工焊接的线路板，焊接工艺是成功的关键，检查的内容除了检查焊接的质量外，还需要检查非焊接元件装配的质量。

常见的焊接质量问题主要包括：漏焊、虚焊、搭桥。漏焊是指需要焊接的位置没有焊接。虚焊是指焊锡与母材没有充分紧固地接触，导致接触电阻过大，甚至是引脚没有连接。搭桥是指在焊接时熔化的焊锡把相邻焊点也连接到一起的现象。

为了保证良好的焊接质量，元器件在安装时，需要穿插过孔的元件引脚一定要完全穿过孔，在焊接面超出一定的长度，以保证在焊接完成后焊锡与引脚的接合质量。一般要求引脚要突出焊锡的表面，以便于检查。

2. 表检法

表检法是指使用电气测量工具对电子线路板进行深入精准的检查。目测法只能针对电子线路的外观进行直观的检查，如果目测检视过的电子线路板不能正常工作，或者需要准确地记录电路参数时，就要进一步地使用表检法来检查。

表检法是指使用毫伏表、万用表、示波器等检测工具，对装配电路进行检测的方法。

3. 测试法

测试法是指根据设计的目的，对电子线路进行功能测试的检查。在测试中，需要对相关的一些指标参数进行调节与调整，使电子线路板的实际参数与设计参数相符。

测试时，一般会先对装配电路进行空载测试，然后加载测试，并要对过载能力进行测定。

第 3 章　常用仪器仪表的使用

电子测量仪器仪表是电子装配与维修的必备工具,根据实际的使用要求,可以有条件地选用最合适的仪器仪表,以提高装配维修的效率与质量。

3.1　万用表

万用表是电子工程中使用最广泛最通用的测量仪表。万用表具有多功能、多量程、便携、低成本的优点。一般的万用表可以用来测量电阻、直流电流、直流电压、交流电压等,某些型号的万用表还可以测量交流电流、音频电流、电容、电感、红外信号、温度和晶体管的 β 值等。

常用的万用表按结构及指示方式的区别,可分为指针式(也叫模拟式或机械式)和数字式两种。

3.1.1　指针式万用表

指针式万用表主要是通过对测量信号比例取样,以取样电流驱动磁电式的表头,用指针按取样的比例来指示测量值。指针式万用表的输入电阻都不太大,所以对电路的影响比较明显,造成其测量精度有限,但由于它的可靠性与灵敏度比较高,所以在生产中依然发挥着重要的作用。

以常用的 MF47 型万用表为例,根据其使用特点,总结出以下使用口诀:

用前先检查,先量表笔通。

测量先看挡,不看不测量。

测量不拨挡,测完换空挡。

表盘应水平,读数要对正。

量程要合适,针偏过大半。

测 R 不带电,测 C 先放电。

测 R 先调零,换挡需调零。

黑负要记清,表内黑接正。

测 I 应串联,测 U 要并联。

极性不接反,单手成习惯。

步骤要谨记,精力不分散。

万用表的内部装有电池用以驱动万用表工作,而且万用表比较容易损坏,特别是表笔线,所以每次使用之前,都必须要先对万用表进行检查。首先检查表笔的连接是否正确。当测量电阻、交流电压和直流电压的时候,红表笔插在"＋"插孔,黑表笔插在"COM"插孔,如图 3-1-1 所示。然后把挡位开关拨到电阻 100 Ω 挡或者 1 kΩ 挡,把表笔短接一下,看看表针是否能灵敏地向右快速偏转,如果不能的话,有可能是因为万用表的电池没电或者万用表损坏了,需要进一步地检测以判断故障。

图 3-1-1
MF47 万用表

检查后确认正常的万用表,务必要先核对一下测量类别及量程选择开关是否拨对位置,然后再进行测量。

测量过程中不能任意拨动选择旋钮,特别是测高压(如 220 V)或大电流(如 0.5 A)时,以免产生电弧,烧坏转换开关触点。

在读取测量数值的时候,视线要与表盘表面垂直,如果表盘上安装有反光带,只要保证视线、指针和反光带中的指针影子三线重合,这时候读取指针的指示值就是最小误差了。

测量完毕,应将量程选择开关拨到交流电压挡位的最高挡,如果有 OFF 挡,则要拨到 OFF 挡。

测量前若事先无法估计被测量大小,应尽量选较大的量程。根据偏转角大小,逐步换到较小的量程,直到指针偏转到满刻度的 2/3 左右为止。

注意

1. 严禁在被测电路带电的情况下测电阻 R。

2. 检查电器设备上的大容量电容器 C 时,应先将电容器短路放电后再测量。

3. 测量电阻时,应先将转换开关旋到电阻挡,把两表笔短接,旋"Ω"调零电位器,使指针指零欧后再测量。每次更换电阻挡时,都应重新调整欧姆零点。

4. 红表笔为正极,黑表笔为负极,但电阻挡上黑表笔接内部电池的正极。

5. 测量电流 I 时,应将万用表串接在被测电路中;测量电压 U 时,应将万用表并联在被测电路的两端。

6. 测量电流和电压时应特别注意红、黑表笔的极性不能接反,并且一定要养成单手操作的习惯以确保安全。

3.1.2　数字式万用表

数字万用表以其直观、高输入阻抗、功能多、便携等特点,受到社会的广泛认同,随着其价格的不断下降,数字万用表已经得到了普及应用,现以 VC890D/VC890C 型数字万用

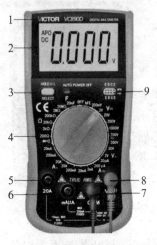

图 3 - 1 - 2
VC890D 数字万用表

表为例,对数字式万用表的使用进行简单介绍。

1. 操作面板(如图 3 - 1 - 2)

(1) 品牌铭版标志。

(2) 液晶显示器:显示仪表测量的数值。

(3) 功能键:当使用二极管挡位时,用于切换二极管与线路通断检测蜂鸣报警;当使用其他挡位时,则用于锁定当前数值。

(4) 旋钮开关:用于改变测量功能、量程以及控制开关。

(5) 20 A 电流测试红表笔插孔。

(6) 小于 20 mA 电流测试红表笔插孔。

(7) 电流、电容、温度、电压、电阻测试黑表笔插孔及公共端。

(8) 电容、温度、电压、电阻测试红表笔插孔。

(9) 三极管测试插座:测试三极管输入口。

2. 直流电压测量

(1) 将黑表笔插入"COM"插孔,红表笔插入 V/Ω 插孔。

(2) 将量程开关转至相应的 DVC 量程上,然后将测试表笔跨接在被测电路上,红表笔所接的该点电压与极性显示在屏幕上。

注意

(1) 如果事先对被测电压范围无法确定,应将量程开关转到最高的挡位试测以确定电压变化范围,然后根据显示值转至相应挡位上。

(2) 如屏幕显示"OL",表明已超过量程范围,应先松脱表笔,将量程开关转至较高挡位上再次进行测量。而有些品牌在超出量程时则显示为"1"。

3. 交流电压测量

(1) 将黑表笔插入"COM"插孔,红表笔插入 V/Ω 插座。

(2) 将量程开关转至相应的 AVC 量程上,然后将测试表笔跨接在被测电路上。

(3) 如果事先对被测电压范围无法确定,应将量程开关转到最高的挡位,试测以确定电压变化范围,然后根据显示值转至相应挡位上。

(4) 如屏幕显示"OL",表明已超过量程范围,应先松脱表笔,将量程开关转至较高挡位上再次进行测量。而有些品牌在超出量程时则显示为"1"。

4. 直流电流测量

(1) 将黑表笔插入"COM"插座,红表笔插入"mA"插孔中(最大为 200 mA),或红表笔插入"20 A"插座中(最大为 20 A)。

(2) 将量程开关转至相应的 DCA 挡位上,然后将仪表的表笔串联接入被测电路中,被测电流值及红色表笔点的电流极性将同时显示在屏幕上。

注意

(1) 如果事先对被测电流范围无法确定,应将量程开关转到最高的挡位试测以确定电流变化范围,然后根据显示值转至相应挡位上。

(2) 如屏幕显示"OL",表明已超过量程范围,应先松脱表笔,将量程开关转至较高挡位上再次进行测量。而有些品牌在超出量程时则显示为"1"。

(3) 在测量 20 A 时要注意,连续测量大电流将会使电路发热,影响测量精度甚至损坏仪表。

5. 交流电流测量

(1) 将黑表笔插入"COM"插孔,红表笔插入"mA"插座中(最大为 200 mA),或红表笔插入"20 A"插孔中(最大为 20 A);

(2) 将量程开关转至相应的 ACA 挡位上,然后将仪表的表笔串联接入被测电路中。

注意

(1) 如果事先对被测电流范围无法确定,应将量程开关转到最高的挡位,然后根据显示值转至相应挡位上。

(2) 如屏幕显示"OL",表明已超过量程范围,应先松脱表笔,将量程开关转至较高挡位上再次进行测量。而有些品牌在超出量程时则显示为"1"。

(3) 在测量 20 A 时要注意,连续测量大电流将会使电路发热,影响测量精度甚至损坏仪表。

6. 电阻测量

(1) 将黑表笔插入"COM"插座,红表笔插入 V/Ω 插孔;

(2) 将量程开关转至相应的电阻量程上,然后将两表笔跨接在被测电阻上。

注意

(1) 如果电阻值超过所选的量程值,则会显示"OL",这时应将开关转至较高的挡位上。当测量的电阻值超过 1 MΩ 以上时,读数需要几秒时间才能稳定,这在测量高电阻时是正常的。而有些品牌在超出量程时则显示为"1"。

(2) 当输入端开路时,则显示过载情形。

(3) 测量在线电阻时,要确认被测电路所有电源已关断及所有电容都已完全放电时才可进行。

7. 电容测量

(1) 将黑表笔插入"COM"插座,红表笔插入"V/Ω"插座;

(2) 将量程开关转至相应的电容量程上,表笔对应极性(注意红表笔极性为"+"极)接入被测电容。

注意

(1) 如果事先对被测电容范围无法确定,应将量程开关转到最高的挡位,然后根据显示值转至相应挡位上。

(2) 如屏幕显示"OL",表明已超过量程范围,应先松脱表笔,将量程开关转至较高挡位上再次进行测量。而有些品牌在超出量程时则显示为"1"。

(3) 在测试电容前,屏幕显示值可能尚未回到零,残留读数会逐渐减小,但可以不予理会,它不会影响测量的准确度。

(4) 大电容挡测量严重漏电或击穿电容时,将显示一些数值且不稳定。

(5) 在测量电容容量前,电容应充分地放电,以防止损坏仪表。

8. 二极管及通断测试

注意

(1) 将黑表笔插入"COM"插孔,红表笔插入 V/Ω 插孔(注意红表笔的极性为"+"极);

(2) 将量程开关转至 ⊣⊢◁)) 挡,并将表笔连接到待测二极管,读数为二极管两端压降的近似值;

(3) 将表笔连接到待测线路的两点,如果两点之间电阻值低于约$(70\pm20)\Omega$,则内置蜂鸣器发声。

9. 温度测量(仅 VC890C +)

测量温度时,将热电偶传感器的冷端(自由端)负极插入"mA"插孔,正极插入"COM"插孔中,热电偶的工作端(测温端)置于待测物上面或内部,可直接从屏幕上读取温度值,读数为摄氏度。

10. 三极管测试

(1) 将量程开关置于 hFE 挡;

(2) 判定所测三极管是 NPN 还是 PNP 型,将三极管的发射极、基极、集电极分别插入测试附件上相应的插孔。

11. 自动断电

当仪表停止使用约(20 ± 10)分钟后,仪表便自动断电进入休眠状态。若要重新启动电源,须先将量程开关转至"OFF"挡,然后再转至用户需要使用的挡位上,就可重新接通电源。

3.2   示波器

示波器是一种能把肉眼看不见的电信号变换成看得见的图像,便于人们研究各种电现象变化过程的实验仪器。模拟示波器利用狭窄的,由高速电子组成的电子束,打在涂有荧光物质的屏面上,就可产生细小的光点。在被测信号的激励作用下,电子束就好像一支笔的笔尖,可以在屏面上描绘出被测信号的瞬时值的变化曲线,所以被行内人士称为"工程师的眼睛"。

　　由于示波器可以直观实时地监控各种波形信号,可以使用户深入了解电路信号的变化和分析电路的参数与特点,具有准确、快速、形象等特点,所以在电子工程中得到了广泛的应用。

　　本书不对示波器的结构与原理进行介绍,只介绍示波器的使用方法,目前常见的示波器有两种类型,一种是早期研发出来的模拟示波器,另一种是新一代的数字示波器,两者的使用方法有很大区别。

3.2.1　模拟示波器的使用方法

1. 操作面板与接口

示波器的面板接口与调整选择开关如图 3 - 2 - 1 所示:

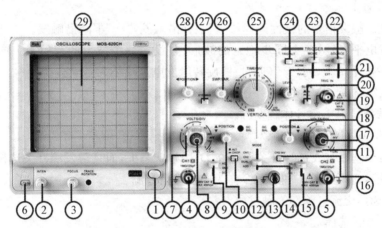

图 3 - 2 - 1　模拟示波器面板图

　　① 电源开关:按下接通电源,弹起断开电源。

　　② 显示亮度调节旋钮:调节光迹或亮点的亮度,左旋亮度变暗,右旋亮度变亮。一般情况下,亮度调节到能看清楚的情况下越暗越好,这样既能保护屏幕,也能使显示的轨迹更加精细。

　　③ 聚焦调节旋钮:调节光迹或亮点的清晰度。

　　由于示波器的调节范围很宽,加上元器件工作参数受环境与老化等影响,出现参数变化时,示波器的时基扫描线可能会出现偏转,此时,需要通过调节聚焦旋钮右边的TRACE　ROTATION 旋钮来使得光迹线与水平参考线平行或重合。

　　④ CH1(X)输入:通道 1 输入端,在 X - Y 模式下,作为 X 轴输入端。

　　⑤ CH2(Y)输入:通道 2 输入端,在 X - Y 模式下,作为 Y 轴输入端。

　　⑥ CAL:提供幅度为 $2V_{p-p}$ 频率为 1 kHz 的方波信号,用于校正 10∶1 探头的补偿电容器和检测示波器垂直与水平的偏转系数。

　　⑦、⑪ 垂直衰减开关:调节垂直偏转灵敏度,不同的示波器,调节挡位不同,调节的范

围越大,则可测量的范围也越大。

⑧、⑰ 垂直微调旋钮:微调比 2.5:1,在校正位置时,灵敏度校正为标示值。

⑨、⑮ AC-GND-DC:垂直轴输入信号的耦合方式选择开关。AC:交流耦合。GND:垂直放大器的输入接地,输入端断开,此功能端可用于基准扫描线的调节。DC:直流耦合。

⑩、⑱ 垂直位移旋钮:调节光迹在屏幕上的垂直位置。

⑭ 双踪显示方式与垂直方式。CH1 或者 CH2:通道 1 或者通道 2 单独显示。DUAL:两个通道同时显示。ADD:在双踪显示时,按下此键,显示两个通道的代数和 CH1+CH2。按下 CH2　INV⑯按键,为代数差 CH1-CH2。

⑫ ALT:在双踪显示时,按下此键,通道 1 与通道 2 交替显示(通常用于扫描速度较快的情况)。

⑬ GND:示波器机箱的接地端子。

⑲ 外触发输入端子:用于外部触发信号。当使用该功能时,触发源选择开关㉒应设置在 EXT 位置上。

⑳ 极性。触发信号的极性选择:"+"上升沿触发,"-"下降沿触发。

㉑ 触发电平:显示一个同步稳定的波形,并设定一个波形的起始点。向"+"(顺时针)旋转触发电平增大,向"-"(逆时针)旋转触发电平减小。

㉒ 触发源选择。

CH1:选择通道 1 信号作触发源。

CH2:选择通道 2 信号作触发源。

VERT:当垂直方式选择开关设定在 DUAL 状态下,而且触发源开关选择 INT,按下此键时,则交替选择通道 1 和通道 2 作为内触发信号源。

LINE:选择交流电源作为触发源。

㉓ 触发方式选择。

AUTO:自动,当没有触发信号输入时扫描在自由模式下。

NORM:常态,当没有触发信号时,踪迹在待命状态下(并不显示)。

TV:电视场,适用于观察一场电视信号。(仅当同步信号为负脉冲时,方可同步)

LOCK:触发电平锁定。触发电平被锁定在一个固定电平上,这时改变扫描速度或者信号幅度时,不再需要调节触发电平,即可获得同步信号。

㉔ 触发信号交替。

㉕ 水平扫描速度开关:扫描速度可以分为若干个挡位。挡位越多,则可测量范围就越大。

㉖ 水平微调:微调水平扫描时间,使扫描时间与校正到面板上 TIME/DIV 指示的一致。TIME/DIV 扫描速度可连续变化,当顺时针旋转到底为校正位置。整个延时可达 2.5 倍甚至更多。

㉗ 扫描方式:未按下此键,扫描未被扩展,按下此键,扫描倍率被扩展 10 倍。

㉘ 水平位移旋钮:调节光迹在屏幕上的水平位置。

㉙ 带滤色镜的显示屏幕:使波形的显示更加舒适。

2. 操作步骤

（1）明确要测量的信号，以选择不同的量程与触发方式。

（2）先按下电源，使示波器预热。由于示波器可测量的范围比较广，对于微弱信号来说，元器件的温度对其工作的精准度有很大的影响。因此，在使用示波器之前，应使示波器预热 5 分钟以上，使示波器内部的元器件都达到正常稳定的工作温度，再对示波器进行相关操作。

（3）扫描线寻迹：有时开机后看不到扫描线，此时需要先把扫描线找出来。先把亮度旋钮顺时针拧到最大，再通过调整垂直位移开关与水平位移开关，使光迹能显示到屏幕上。

（4）调节显示。根据环境的光线，调节示波器的亮度与聚焦，使光迹的显示尽可能精细与清晰。如果扫描线与水平线不平行或者重合，还需要调整光迹位置旋钮。

（5）耦合方式选择：根据测量需要选择 AC 或者 DC 耦合方式。GND 可以用来调节无输入时的光迹位置。

（6）触发方式选择：根据要测量的信号特点，选择合适的触发信号。

（7）探头校正：利用示波器自身提供的校正信号对探头与微调开关进行校正。经校正后的微调开关（包括垂直微调与水平微调），都不可以再调整。

（8）测量：把示波器探头与待测量信号相连接，要保证连接可靠，避免信号失真。一般情况下，要求屏幕上最起码能显示出 2～3 个周期的完整波形，所以在测量过程中，需要根据屏幕的显示来调节相应的开关位置。

（9）读数：从屏幕上读取水平方向上一周期波形所占的格数，乘以扫描速度挡位的指示刻度，得到频率信号的周期。从屏幕上读取垂直方向上波峰到波谷之间所占的格数，乘以垂直衰减开关的指示刻度，得到频率信号的峰-峰值。

（10）使用完示波器，要先解除示波器探头与测量信号之间的连接，并把探头接到校准信号 CAL 端，然后断电。

3.2.2　数字示波器的使用方法

UTD2102CEX 是一款双通道，100MHz 带宽，最大采样率 1GS/s 的经济型数字存储示波器，满足基础测量的关键需求，简洁清晰的前面板设计更方便用户操作。

1. 操作面板与接口

UTD2102CEX 型数字存储示波器的操作面板与接口如图 3 - 2 - 2 所示，该产品具有以下特点：

（1）50 MHz/70 MHz/100 MHz 带宽，1 GS/s 实时采样率；

（2）2 个模拟通道，存储深度 25 kpts；

（3）波形捕获率高达 2 000 wfms/s；

（4）低噪，宽范围垂直挡位 1 mV/div～20 V/div；

（5）通过 U 盘可进行系统软件升级；

（6）可选配逻辑分析仪模块；

（7）时基范围 2 ns/div～50 s/div；

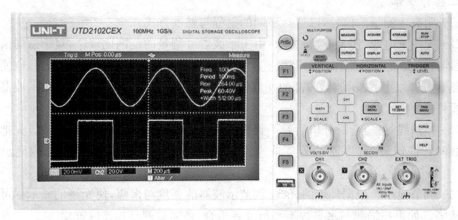

图 3-2-2　UTD2102CEX 型数字存储示波器

（8）触发类型标配：边沿触发、脉宽触发、交替触发；

（9）支持同时打开 Y-T 和 X-Y 模式，可观测李沙育波形；

（10）配备标准接口：USB OTG；

（11）7 英寸 TFT LCD，WVGA（800×480）。

2. 使用方法与操作步骤

第一步　通电预热。

由于示波器测量的精度比较高，所以示波器内部电路都比较复杂，受环境温度影响比较大，需要提前对示波器进行预热。如果时间允许，尽量让示波器的预热时间长一些，确保示波器的工作更加稳定。

第二步　探头连接与衰减校正。

先接入 CH1 探头，并将探头上的衰减倍率开关设定为 10×，如图 3-2-3 所示。然后在数字存储示波器上设置探头的衰减系数——选择 CH1，示波器显示出通道菜单后按 F4 键使菜单显示"10×"。

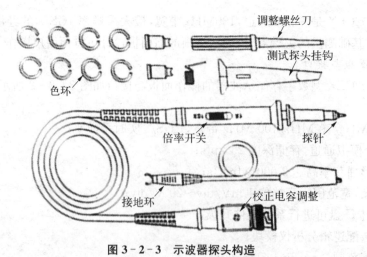

图 3-2-3　示波器探头构造

把探头的探针和接地夹连接到探头补偿信号的相应连接端上,按 AUTO 按键,几秒内可见到方波显示(1 kHz,约 $3V_{p-p}$ 值)。

使用同样的方法设置 CH2。

如果探头补偿的波形不正确,需要将探头的可变电容进行调整,直至补偿正确为止。探头补偿波形图如图 3-2-4 所示。

补偿过度　　　　　补偿正确　　　　　补偿不足

图 3-2-4　探头补偿波形图

第三步　按下 AUTO 按钮,示波器将会自动设置垂直偏转系数、扫描时基以及触发方式,当有特别需要时可进行手动调整。

第四步　设置测量通道,并将相应通道的示波器探头与待测信号相连。

第五步　按一下 MEASURE 按钮,然后再按一下 RUN/STOP,则示波器进行自动测量。在此需要注意 RUN/STOP 的运行状态,当按钮指示为绿色,则处于运行状态,红色则为停止状态。

3.3　毫伏表

3.3.1　概述

毫伏表是一种用来测量正弦电压的交流电压表,主要用于测量毫伏级以下的毫伏、微伏交流电压。例如电视机和收音机的天线输入电压,中放级电压和与这个电压近似的其他电压,如压电陶瓷输出信号、热电偶信号、导线压降等。CA2172A 型毫伏表的操作面板如图 3-3-1 所示。

3.3.2　毫伏表的使用方法与步骤

第一步　测量前应短路调零。

打开电源开关,将测试线(也称开路电缆)的红黑夹子夹在一起,将量程旋钮旋到 1 mV 量程,指针应指在零位(有的毫伏表可通过面板上的调零电位器进行调零,凡面板无调零电位器的,内部设置的调零电位器已调好)。若指针不指在零位,应检查测试线是否断路或接触不良,应更换测试线。

**图 3-3-1
CA2172A 型毫伏表**

第二步　交流毫伏表灵敏度较高,打开电源后,在较低量程时由于干扰信号(感应信号)的作用,指针会发生偏转,称为自起现象,所以在不测试信号时应将量程旋钮旋到较高量程挡,以防打弯指针。

第三步　交流毫伏表接入被测电路时,其地端(黑夹子)应始终接在电路的地上(成为公共接地),以防干扰。

第四步　调整信号时,应先将量程旋钮旋到较大量程,改变信号后,再逐渐减小。

第五步　交流毫伏表表盘刻度分为0~1和0~3两种刻度,量程旋钮切换量程分为逢一量程(1 mV,10 mV,0,1 V,…)和逢三量程(3 mV,30 mV,0,3 V,…),凡逢一的量程直接在0~1刻度线上读取数据,凡逢三的量程直接在0~3刻度线上读取数据,单位为该量程的单位,无需换算。

第六步　使用前应先检查量程旋钮与量程标记是否一致,若错位会产生读数错误。

第七步　交流毫伏表只能用来测量正弦交流信号的有效值,若测量非正弦交流信号则要经过换算,具体请参阅其他相关资料。

注意

不可用万用表的交流电压挡代替交流毫伏表测量交流电压。万用表内阻较低,用于测量50 Hz左右的工频电压。

除在测量时分开输入端正负夹子外,任何时候都应该保持输入端正负夹子短接在一起,确保零输入,以免损坏毫伏表。

3.4　信号发生器

3.4.1　概述

工程上使用的函数信号发生器种类繁多,但其操作大同小异。现以胜利牌 VC2002A 多功能函数信号发生器为例,介绍信号发生器的使用方法。

VC2002A 多功能函数信号发生器是一种可产生频率高达 5 MHz,低失真、高稳定度、多种函数波形信号的仪器。一般应用于音频响应测试、低频网络测试、振动测试、伺服系统的评估、超音波测试等场合。

VC2002A 具有对数、线性两种方式频率扫描功能,其扫描功能简化了找寻扬声器、滤波网络及其他网络谐振点的过程,可通过外接示波器显示其测试点的输出频率。具有调频/调幅方式的调制功能,可作为一般载波电路、中频电路的调试测量的激励信号。仪器还具有内建式的频率计,用于外部信号的频率测量,可以测量高达 50 MHz 的外部信号。此外,具有功率输出功能,它可产生 $20V_{p-p}$,频率最高为 200 kHz 的功率信号,能够驱动5 W 的负载,可用于线圈、扬声器等产品的测试。

VC2002A 多功能函数信号发生器基本特点如下:

① 具有正弦波、三角波、矩形波三种基本波形和可调斜波输出。

② 将 0.5 Hz~5 MHz 范围内信号分成七个频段,能够微调输出。

③ $20V_{p-p}$(空载)的输出幅度从 0 至−60 dB 衰减输出。

④ 独立的±10 V 的(空载)直流偏置调节,独立的占空比调节。

⑤ 可调节的 3~15V 同步 CMOS(兼容 TTL)电平独立输出。

⑥ VFD 超大显示屏,六位频率显示,多种功能指示一应俱全。

⑦ 多重保护功能,输出端口超压、过流、功放过载保护功能,声光报警指示功能。

⑧ 220 V/110 V 电源转换,保险丝外置,方便更换。

3.4.2　面板功能简介

VC2002A 操作面板如图 3−4−1 所示。

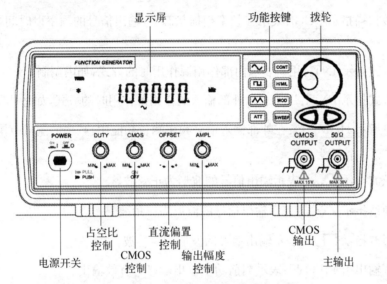

图 3−4−1　VC2002A 函数信号发生器

1. VC2002A 函数信号发生器屏显简介

VC2002A 函数信号发生器屏显如图 3−4−2 所示。

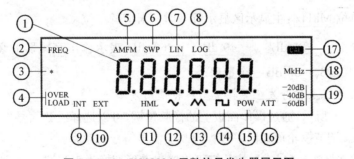

图 3−4−2　VC2002A 函数信号发生器屏显图

① 6 位七段"8"字⑧:该主显示区用于显示频率及功能状态。

② 频率指示 FREQ :表示主显示区显示信息的含义,在信号发生器中将一直保持显示。

③ 采样闸门指示 * :用于表示主显示区数据是否刷新,此符号每闪烁一次,则主显

示区的数据被刷新一次。

④ 过载指示 $\boxed{\text{OVER LOAD}}$：表示主输出或功率输出端口发生过载故障，仪器已自动保护。

⑤ 调制方式指示 $\boxed{\text{AM}}$ $\boxed{\text{FM}}$：用于表示调制方式，AM 为幅度调制方式，FM 为频率调制方式，不显示为非调制输出方式。

⑥ 扫描指示 $\boxed{\text{SWP}}$：表示信号发生器当前处于频率扫描状态。

⑦ 线性扫描指示 $\boxed{\text{LIN}}$：表示在频率扫描状态下，输出信号的频率以时间按照线性递增关系变化。

⑧ 对数扫描指示 $\boxed{\text{LOG}}$：表示在频率扫描状态下，输出信号的频率以时间按照对数递增关系变化。

⑨ 内方式指示 $\boxed{\text{INT}}$：用于表示内部作用源作用时的方式，如内调制。

⑩ 外方式指示 $\boxed{\text{EXT}}$：用于表示外部输入的作用源作用时的方式，如外调制、外测频。

⑪ 频段指示 $\boxed{\text{H}}$ $\boxed{\text{M}}$ $\boxed{\text{L}}$：在外部输入信号频率测量功能中，频率的测量范围分 H(高)、M(中)、L(低)三个频段。

⑫ 正弦波指示 $\boxed{\sim}$：表示输出信号的波形为正弦波。

⑬ 三角波指示 $\boxed{\wedge\wedge}$：表示输出信号的波形为三角波。

⑭ 矩形波指示 $\boxed{\sqcap\sqcup}$：表示输出信号的波形为矩形波。

⑮ 功率输出指示 $\boxed{\text{POW}}$：表示当前功率输出端口为有效输出。

⑯ 衰减指示 $\boxed{\text{ATT}}$：表示主信号通道输出衰减器被使用，主信号输出端的信号幅度将被衰减。

⑰ 校准指示 $\boxed{\text{CAL}}$：表示仪器是否处于校准操作状态。

⑱ 频率单位 $\boxed{\text{MkHz}}$：主显示区显示频率时所对应的单位。

⑲ 衰减量指示 $\boxed{-20\ \text{dB}}$ $\boxed{-40\ \text{dB}}$ $\boxed{-60\ \text{dB}}$：表示输出衰减器的衰减量大小，分为 $-20\ \text{dB}$、$-40\ \text{dB}$、$-60\ \text{dB}$ 三个量程。

2. VC2002A 函数信号发生器按键与拨轮使用方法

如图 3 - 4 - 3 所示，通过操作面板上的橡胶按键，可以选择函数信号发生器的功能和输出信号特性。调节拨轮可在同一频程内改变输出信号的频率。

① 正弦波选择按键【$\sim$】：按此键可将输出波形切换为正弦波。

② 矩形波选择按键【$\sqcap\sqcup$】：按此键可将输出波形切换为矩形波。

③ 三角波选择按键【$\wedge\wedge$】：按此键可将输出波形切换为三角波。

④ 信号输出衰减选择按键【ATT】：按此键可依次改变主信号输出衰减量的大小，$-20\ \text{dB}$、$-40\ \text{dB}$、$-60\ \text{dB}$ 或不衰减。

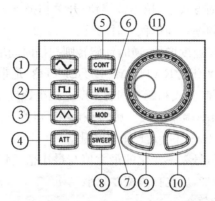

图 3 - 4 - 3　VC2002A 函数信号发生器按键及拨轮

⑤ 内/外测频选择按键【CONT】:按此键可开启或关闭外部输入信号频率测量,简称"外测频"功能。在外测频功能下,显示屏可显示出外部频率测量的信息。

⑥ 外测频量程选择按键【H/M/L】:在外测频功能下,按此键可选择频率的测量范围,分 H(高)、M(中)、L(低)三个频段。

⑦ 调制功能选择按键【MOD】:按下此键可选择仪器内部产生调制信号的调制方式、外部输入调制信号的调制方式和不调制等幅输出方式。

⑧ 扫描功能选择按键【SWEEP】:按下此键可开启或关闭频率扫描功能。

⑨ 频段递减按键【◀】:每按一次该按键,可将信号发生频段降低一个 10 倍频程。

⑩ 频段递增按键【▶】:每按一次该按键,可将信号发生频段升高一个 10 倍频程。

⑪ 频率微调拨轮【FREQ】:调节此拨轮可在每个频段内微调输出频率。该拨轮可连续调节约 10 圈。

3. 开关和旋钮使用方法

开关和旋钮的使用如图 3 - 4 - 1 所示。

(1) 电源开关【POWER】:按下此开关接通仪器电源,再按下此开关关闭仪器电源。

(2) 占空比控制【DUTY】:是带有推拉开关的调节旋钮。拉出该旋钮/开关并旋转可以调整输出的矩形波占空比或三角波前后比;顺时针旋转增加,逆时针旋转则减小。推入该旋钮/开关占空比(前后比)被预设为 50%。

(3) CMOS 控制【CMOS】:是带有推拉开关的调节旋钮。拉出该旋钮/开关,CMOS 信号将产生并从【CMOS　OUT】端子输出,旋转旋钮可调节输出的 CMOS 高电平的幅度。

(4) 直流偏置控制【OFFSET】:是带有推拉开关的调节旋钮。拉出该旋钮/开关并旋转可以调整输出信号的直流偏置量。顺时针旋转此按钮可提供正极性偏移量,逆时针旋转此按钮可提供负极性偏移量,空载时调节范围为 ±10 V。推入该旋钮/开关直流偏置量被预设为零。

(5) 输出幅度控制【AMPL】:顺时针旋转该旋钮,输出信号的幅值增大,反之减小。通过调节可得到空载约 $2V_{p-p} \sim 20V_{p-p}$ 的信号幅度。该旋钮不带有开关功能。

(6) 扫描特性控制【SWEEP/TIME】:是带有推拉开关的调节旋钮,用于调节扫描时间与扫描方式。在频率扫描方式下,拉出该旋钮/开关扫描方式为对数扫描,推入为线性扫描。旋转该旋钮/开关,频率扫描单程的时间可在 0.5 秒～30 秒左右调节。顺时针旋转该旋钮,扫描时间减小,扫描速度增快;逆时针旋转则扫描时间增长,扫描速度减慢。

(7) 调制特性控制【SWEEP/RATE, MOD/DEPTH】:是带有推拉开关的调节旋钮。在调制功能下,用于选择调制模式和调节调制深度。拉出该旋钮/开关调制方式为 AM 幅度调制方式,推入为 FM 频率调制方式。旋转该旋钮/开关,可调节调制信号的调制度。调节范围:AM 调幅系数:0%～100%,FM 频偏量:0%～10%。在频率扫描方式下,调节该旋钮,频率扫描宽度比(信号频率变化的最大值与最小值之比)可在 1～100 调节,顺时针旋转该旋钮,扫描宽度增加,反之扫描宽度减小。

4. 信号输入/输出端子简介

(1) 功率信号输出插座【PA OUTPUT】:面板上的该 BNC 型插座可在 200kHz 以下提供最大功率约 5W 的信号输出。

(2) CMOS 信号输出插座【CMOS OUT】:面板上的该 BNC 型端子可提供一个与主通道信号同步的 CMOS 电平信号。

(3) 主信号输出插座【OUT】:该端子是主通道函数信号的输出端子,使用 BNC 型插座,额定输出阻抗为 50Ω。

(4) 压控和外调制信号输入插座【VCF/MOD INPUT】:外部电压控制频率(VCF)功能的外接电压输入端子;在外部信号调制功能时,外接的调制信号也从后面板上的该插座输入。

(5) 外部频率测量信号输入插座【COUNTER INPUT】:当仪器进入外部频率测量功能下,需要测量的未知频率信号可从后面板上该输入端口输入,测量结果将显示在主显示窗口。

3.4.3　使用步骤

第一步　按下电源开关【POWER】键(位于前面板的左下方),启动函数信号发生器。如果已经关闭函数信号发生器电源开关,那么再重新打开函数信号发生器应间隔 5 秒钟以上,否则函数信号发生器可能会出现复位错误而导致无法正常工作。

第二步　启动函数信号发生器后,函数信号发生器全屏显示所有字符约一秒钟并同时发出提示音。如果函数信号发生器无故障,便可进入正常的工作状态。

第三步　基本函数信号的输出。函数信号发生器开机后默认进入普通的函数信号发生功能,即点频等幅信号输出方式。此时主显示区显示当前所产生信号的频率。

第四步　波形设置。

(1) 按下按键【∿】正弦波、【⊓】矩形波、【∧∧】三角波三者其中之一,可选择与之相对应的波形输出功能。

(2) 此时,主信号输出端子【OUT】与功率信号输出端子【PA OUTPUT】将输出所选择的波形。

第五步　频率设置。按下按键【◀】或【▶】选择所需信号频率所处的频段,然后旋转【FREQ】拨轮微调频率,观察主显示区显示的当前输出信号频率直到所需信号频率即可。

　　第六步　设置幅度与输出衰减。旋转【AMPL】输出幅度控制旋钮,可改变主信号与功率信号的幅度大小,其空载下的信号幅度调节范围均在 $2V_{p-p}$～$20V_{p-p}$ 之间。假如需要衰减主信号的输出幅度,可按下【ATT】信号输出衰减选择按键,此时显示屏上 ATT 指示字符亮起,同时相对应的衰减量指示字符－20 dB,－40 dB,－60 dB 也将亮起。重复按下【ATT】键,可以依次获得三级衰减量。

　　第七步　占空比(前后比)设置。拉出【DUTY】占空比控制旋钮/开关,可调节正弦波的对称性、三角波的前后比(使之可以变换为锯齿波或斜波)、矩形波的占空比。推入此开关,占空比被预设定为 50%。标准型函数信号发生器无预设开关,可将旋钮调节到中点处即可。

　　第八步　直流偏置(偏移电平)设置。函数信号发生器能够对主输出和功率输出的信号叠加一直流偏置,从而改变函数波形的直流电压偏移量。拉出【OFFSET】直流偏置控制旋钮/开关,顺时针旋转此按钮可提供正极性偏移量,逆时针旋转则可提供负极性偏移量,打开偏移量的设置。在空载小信号的情况下直流偏置量调节范围为－10 V～＋10 V,但由于受到仪器最大输出电压的限制,当输出较大幅度的函数信号,同时调节直流偏置量时,可能叠加的信号峰值已超过仪器的最大输出电压范围,这时输出的波形就会出现削顶失真,这是正常现象,此时应减小输出的函数信号幅度或直流偏置量的大小。含有直流偏置的函数信号波形峰值电压最好设置在±10 V 以内,即可保证不会出现削波失真。

　　第九步　CMOS 信号的输出。函数信号发生器可以提供一个与主函数信号同步的低电平为 0 V 左右,高电平可调节的矩形波 CMOS 信号,此输出也可驱动 TTL 逻辑门电路。

　　(1) 设置 CMOS。拉出【CMOS】控制旋钮/开关,即可开启 CMOS 信号的输出,此时CMOS 波形从【CMOS OUT】端子输出。CMOS 信号的频率和占空比均与主函数信号输出完全同步。

　　(2) 设置频率。与主信号输出频率设置方法一致,通过按键【◀】或【▶】选择频段,旋转【FREQ】拨轮微调频率。

　　(3) 设置占空比。与主信号输出占空比调节设置方法一致,通过调整【DUTY】占空比控制旋钮/开关进行调节。

3.4.4　常见故障排除

表 3－4－1　信号发生器常见故障原因及排除方法

故障现象	可能产生的原因	排除方法
屏幕无显示	1. 电源插头松脱 2. 保险丝熔断 3. 频率范围开关未按下	1. 重新插好电源插头 2. 更换规定的保险丝 3. 按下频率范围开关
频率始终显示 0	计数方式开关置"外"位置	将计数方式开关置"内"位置
输出幅度太小	输出衰减开关挡位设置不恰当	弹出衰减开关按键某挡或全部

故障现象	可能产生的原因	排除方法
无功率输出	1. 功率开关未开 2. 输出频率超过 20 kHz	按下该按钮
输出波形顶部或底部限幅失真	直流偏置旋钮位置不当	按下该旋钮
外测频不正常	1. 输入信号幅度太小 2. 频率范围开关设置不合适	增大外信号幅度 重新设置该开关

第 4 章

焊装检工艺基本操作技能

焊接是电子产品组装过程中的重要工艺。焊接质量的好坏,直接影响电子电路及电子装置的工作性能。优良的焊接质量,可为电路提供良好的稳定性、可靠性;不良的焊接会导致元器件损坏,给测试带来很大困难,有时还会留下隐患,甚至影响电子设备的可靠性。一方面,随着电子产品复杂程度的提高,使用的元器件越来越多,有些电子产品(尤其是有些大型电子设备)要使用成百上千个元器件,焊点数量则成千上万个。另一方面,由于电子产品日益小型化与微型化,元件的体积也相应越来越小,相应的焊接面也越来越小,焊接的难度越来越大。因此,焊接质量优良与否是电子产品质量好坏的关键。

4.1 焊接的基础知识

焊接,一般是指用加热加压或者两者并用的方式,在金属工件的连接处形成合金层,使金属工件结合在一起的一种钣金工艺。它是把各种各样的金属零件按设计要求组装起来的重要连接方式之一。焊接具有节省金属、减轻重量、生产效率高、接头机械性能和紧密性好等特点,因而得到广泛的应用。

4.1.1 常见焊接工艺

在生产中使用较多的焊接方法主要有熔焊、压焊和钎焊三大类。

1. 熔焊

熔焊是在焊接过程中,将工件接口的金属局部加热至熔化状态,使它们的原子充分扩散融合,冷却凝固后连接成一个整体的方法。

2. 压焊

压焊是在加压条件下,使两工件在固态下实现原子间结合,又称固态焊接。常用的压焊工艺是电阻对焊,当电流通过两工件的连接端时,该处因电阻很大而温度上升,当加热至塑性状态时,使之形成金属结合的一种连接方法。

3. 钎焊

钎焊是在焊接过程中熔入低于金属工件熔点的第三种物质,称为"钎焊"。所加熔进去的第三种物质称为"焊料",即使用比工件熔点低的金属材料作焊料,将工件和焊料加热到高于焊料熔点、低于工件熔点的温度,利用液态焊料润湿工件,填充接口间隙并与工件实现原子间的相互扩散,从而实现焊接的一种方法。

按焊料熔点的高低又将钎焊分为硬焊接和软焊接,通常以450℃为界。焊料熔点高于450℃的称为"硬焊接",焊料熔点低于450℃的称为"软焊接"。

在电子产品装配过程中,焊料选用的是锡铅做成的低熔点合金,俗称"锡铅焊",也称作"锡钎焊",简称"锡焊",它是软焊接的一种。

锡焊方法简单,容易掌握,在维修中如需要拆除和重焊也都比较容易,而且成本不高,尤其在手工焊接中需要的工具也比较简单。因此,在电子装配中,锡焊一直是广泛使用的一种焊接方法。

手工焊接是锡铅焊接技术的基础。尽管目前现代化企业已经普遍使用自动插装、自动焊接的生产工艺,但是在产品试制、生产小批量产品、生产具有特殊要求高可靠性产品(如航天技术中的火箭、人造卫星的制造等)时还仍然采用手工焊接。即使类似印制电路板这样的小型化大批量产品采用自动焊接,但仍有一定数量的焊接点需要手工焊接完成,目前还没有任何一种焊接方法可以完全取代手工焊接。由此可见,在培养高素质电子技术人员、电子操作工人的过程中,手工焊接工艺是必不可少的训练内容。

4.1.2 手工锡铅焊工具

手工焊接用的工具较多,主要有电烙铁、热风枪、焊台、烙铁架、焊接架、吸锡器、镊子和护目眼镜等。

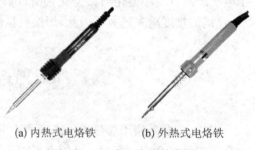

(a) 内热式电烙铁   (b) 外热式电烙铁

图 4-1-1 常用电烙铁类型

1. 电烙铁

电烙铁根据结构不同,可分为内热式、外热式两种(如图4-1-1)。它们的内部结构也很接近,如图4-1-2所示。

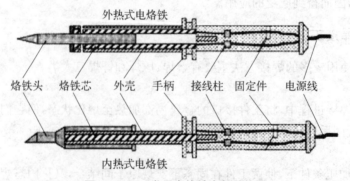

外热式电烙铁

烙铁头 烙铁芯 外壳 手柄 接线柱 固定件 电源线

内热式电烙铁

图 4-1-2 常用电烙铁内部结构图

为了适应与匹配不同的焊接条件和要求,电烙铁基本上都设计成可更换的形状各异的烙铁头,以满足不同的使用环境需求。常见的烙铁头外形如图4-1-3所示,主要有凿形、蹄形、刀形、大尖形和小尖形。

一般的电烙铁是用于焊接电子元件的熔锡工具,使用220 V 交流电压,基本是两芯插头,不带地线。因此,焊接电子元件时,烙铁头会带感应静电,可能会对某些元件有影响。此外,也不能控制温度,只要插上电源,会一直加热下去,温度越来越高,烙铁头容易氧化。由于电烙铁是高温工作的,所以容易产生漏电,特别是在烙铁的焊接部位漏电,甚至会因为电击而烧坏要焊接的电路或元件,为了解决这一问题,可以用较粗的一根铜线,一端接在烙铁头靠上的金属部分(铜线靠下的话

图 4 - 1 - 3　烙铁头形状图

烙铁太烫,容易把铜线氧化),一端接在家里墙壁上三相插座的地线孔上(三相插座最上面的那个孔,如果不确定三相插座是否接地,也可以接到自来水管或者暖气片上),这样就可以把烙铁上、人体上的静电通过铜线引入大地。

防静电调温电烙铁常用于电路板上电阻、电容、电感、二极管、三极管、CMOS 器件等管脚较少的片状元器件的焊接与拆焊。

电烙铁使用的注意事项

(1) 铁架子要放在平稳的地方,海绵要先湿水后挤干才不会损坏烙铁头,烙铁上所有的连线一定要接插好,防止工具上的静电损坏线路板上的精密元件。

(2) 调整到合适的温度,不宜过低,也不宜过高。用电烙铁清除焊接不同大小的元器件时,应该相应调整电烙铁的温度。烙铁在停止使用时一定要放回烙铁架子上。

(3) 使用完毕后,应抹干净烙铁头,镀上新锡层,防止因为氧化物和碳化物损害电烙铁头而导致焊接不良,定时给电烙铁上锡。

(4) 对于管脚较少的片状元器件的焊接与拆焊常采用轮流加热法。

(5) 关闭电源后,应让其自然冷却,不能用手触摸烙铁头及附近部件,不能将易燃品放在烙铁的附近。

(6) 身体各部位不能和烙铁头及附近的金属有接触,烙铁头上沾有被氧化的锡时,不能乱摆动,更不能用烙铁头敲打工作台。

(7) 不能让烙铁沾水,湿手时不能操作烙铁。焊接的工作台要有通风设施,最好有吸烟设备。

(8) 电烙铁不用的时候,应当将温度旋至最低或关闭电源,防止长时间空烧损坏烙铁头,这种情况俗称"干烧"。

图 4 - 1 - 4　热风枪

2. 热风枪

热风枪结构如图 4 - 1 - 4 所示,主要用于 SMD 表面贴装技术,在电子实训中几乎不使用,故此处不做详细介绍。

3. 焊台

焊台(如图 4 - 1 - 5)的作用与电烙铁类似,都是用于手工焊接的工具,但焊台是更高级别的工具,它在设

图 4-1-5　焊台

计的过程中,充分考虑了各种使用的要求,包括焊接的材料、焊接的温度、焊接的环境、焊接的持续功率、焊接过程中产生的静电等,因此,在使用中效率更高,效果更好,但由于价格昂贵,市场的占有率不高,一般应用于有特殊要求的实验室。此外,由于体积比较大,不方便携带,通常仅用于专用场合。

它的使用与普通电烙铁一样,但多了温度调节的功能。

4. 烙铁架

烙铁架是用来搁置电烙铁的一种架子,用来提高在工作的过程中的生产安全性与工作效率。为了进一步地提高工作的效率与效果,目前所使用的普通烙铁架如图4-1-6所示。烙铁架的底座有一个小池,可以用来放置高温海绵,方便在电烙铁使用的过程中随时清理烙铁头,有些烙铁架的底座还会分为两格,一格可以放高温海绵,一格可以放置其他物品,如松香助焊剂、换装时的零部件等。

5. 焊架

焊架是为了扩展焊接作业的功能,提高焊接的质量与效率而设计的一种多功能架子,如图4-1-7所示。有些厂家可以把焊架与烙铁架合而为一,还加上了锡丝架的功能。

图 4-1-6　普通烙铁架

图 4-1-7　带放大镜与夹持功能的焊架

6. 吸锡器

吸锡器用于焊锡过多,需要清除的场合,或者是拆除元件的时候吸走焊锡。常用普通手动吸锡器如图4-1-8所示,由活塞杆与压头、外壳、弹簧触发按键、吸嘴组成,利用活塞杆运动产生的负压来吸取锡液。

使用的时候,先把压头压到尽头,这时按键会自动锁住活塞杆,然后用烙铁加热需要吸取的部分焊锡,等焊锡熔化后,快速地把吸嘴靠近锡液表面,并按下触发按键,在弹簧复位的弹力作用下,活塞杆复位,吸嘴处就会产生负压,把液态的焊锡吸走。

由于使用过的吸锡器腔体内会残留较多的焊锡颗粒,所以在使用前应该空操作几次,把里面的焊锡碎颗粒清理干净,以免堵塞。

为了提高效率,有厂家开发出一种带熔焊功能的吸锡器,如图4-1-9所示,它的吸嘴能熔化焊锡,使吸锡的操作更加容易。

图 4-1-8　手动吸锡器图

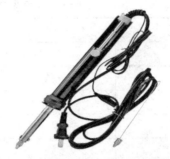

图 4-1-9　带熔化功能的吸锡器

7. 镊子

镊子是在电子线路拆装中的一种夹持工具,常用的镊子可以根据其形状或者功能来分类。按形状可分为尖头、扁头、弯头等类型,按功能可分为普通镊子与防静电镊子两种类型。常见的防静电镊子如图 4-1-10 所示。

8. 高温海绵

高温海绵是一种在焊接过程中清理烙铁头的工具,使用前应先蘸水,然后挤干(如图 4-1-11)。使用的时候,把烙铁头放在高温海绵上擦拭几下,可以把烙铁头上的多余焊锡与杂质清理干净。如果没有高温海绵,可以使用纯棉布或者纯麻布来代替。

图 4-1-10　防静电镊子

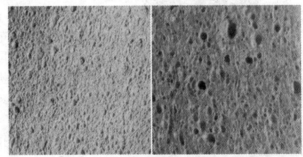

图 4-1-11　蘸水前后的两块高温海绵

4.1.3　手工锡钎焊材料

手工焊接材料包括三类:母材、焊料、助焊剂。

1. 母材

母材是指需要焊接到一起的材料。在锡焊中,对母材的材质,即其化学成分,是有一定要求的,母材的化学成分必须能与焊锡实现分子结晶结合,才能达到机械与电子双重紧密结合的目的。实践证明,不同母材与焊锡的结合能力也是不一样的,具体见表 4-1-1 所示。

2. 焊锡

焊锡是用于焊接作业的锡合金的总称。由于不同的工艺要求,实际使用的焊锡合金成分也应有所区别,特别是由于环保观念的日益提高,对焊锡合金的成分提出了更高的要求。

表 4 - 1 - 1   常见金属的可焊性次序 (亲锡性)

材料	效果	材料	效果
锡	很好	钢	一般
金	很好	锌	一般
银	很好	镍	一般
钯	很好	铁	困难
铜	好	铝	困难
青铜	好	不锈钢	困难
黄铜	好	钛	困难
铅	好		

图 4 - 1 - 12   环保型无铅焊锡丝

需要特别指出,不同牌号与规格的焊锡丝(如图 4 - 1 - 12),其熔化的速度有很大区别。在焊接不同的母材时,需要灵活地搭配和选用电烙铁与焊锡丝,以求达到最佳的效果与效率。

3. 助焊剂

助焊剂是指在焊接工艺中能帮助和促进焊接过程、同时具有保护作用、阻止氧化反应的化学物质。

助焊剂可分为固体、液体和气体,主要具有辅助热传导、去除氧化物、降低被焊接材质的表面张力、去除被焊接材质表面油污、增大焊接面积、防止再氧化等作用,在这几个方面中比较关键的作用是去除氧化物与降低被焊接材质的表面张力。

对助焊剂的要求主要有以下几点:

(1)助焊剂应有适当的活性温度范围。在焊料熔化前开始起作用,在施焊过程中较好地发挥清除氧化膜、降低液态焊料表面张力的作用。焊剂的熔点应低于焊料的熔点,但不应相差过大,保证焊接的稳定性,并且可以在焊接过程中迅速从焊锡中分离出来。

(2)助焊剂应有良好的热稳定性,一般热稳定温度不小于 $100℃$。

(3)助焊剂的密度应小于液态焊料的密度,这样助焊剂才能均匀地在被焊金属表面铺展,呈薄膜状覆盖在焊料和被焊金属表面,有效地隔绝空气,促进焊料对母材的润湿。

(4)助焊剂的残留物不应有腐蚀性且容易清洗;不应析出有毒、有害气体;要有符合电子工业规定的水溶性电阻和绝缘电阻;不吸潮,不产生霉菌;化学性能稳定,易于贮藏。

助焊剂通常是以松香为主要成分的混合物,是保证焊接过程顺利进行的辅助材料。助焊剂是焊接时使用的辅料,助焊剂的主要作用是清除焊料和被焊母材表面的氧化物,使金属表面达到必要的清洁度。它防止焊接时表面的再次氧化,降低焊料的表面张力,提高焊接性能。助焊剂性能的优劣,直接影响到电子产品的质量。

近几十年来,在电子产品生产锡焊工艺过程中,一般多使用由松香、树脂、含卤化物的活性剂、添加剂和有机溶剂组成的松香树脂系助焊剂。这类助焊剂虽然可焊性好,成本低,但焊后残留物较多。其残留物中含有卤素离子,会逐步引起电气绝缘性能下降和短路等问题。要解决这一问题,必须对电子印制板上的松香树脂系助焊剂残留物进行清洗。这样不但会增加生产成本,而且清洗松香树脂系助焊剂残留的清洗剂主要是氟氯化合物。这种化合物是大气臭氧层的损耗物质,属于禁用和被淘汰之列。

免洗助焊剂主要原料为有机溶剂、松香树脂及其衍生物、合成树脂表面活性剂、有机酸活化剂、防腐蚀剂、助溶剂、成膜剂。各种固体成分溶解在各种液体中,形成均匀透明的混合溶液,其中各种成分所占比例各不相同,所起作用不同。

有机溶剂主要有酮类、醇类、酯类中的一种或几种混合物。常用的有乙醇、丙醇、丁醇;丙酮、甲苯异丁基甲酮;醋酸乙酯,醋酸丁酯等。作为液体成分,其主要作用是溶解助焊剂中的固体成分,使之形成均匀的溶液,便于待焊元件均匀涂布适量的助焊剂成分,同时它还可以清洗轻的脏物和金属表面的油污。

含卤素的表面活性剂活性强,助焊能力高,但因卤素离子很难清洗干净,离子残留度高,卤素元素(主要是氯化物)有强腐蚀性,故不适合用作免洗助焊剂的原料。不含卤素的表面活性剂,活性稍弱,但离子残留少。表面活性剂主要是脂肪酸族或芳香族的非离子型表面活性剂,其主要功能是减小焊料与引线脚金属两者接触时产生的表面张力,增强表面润湿力,增强有机酸活化剂的渗透力,也可起发泡剂的作用。

有机酸活化剂由有机酸二元酸或芳香酸中的一种或几种组成,如丁二酸、戊二酸、衣康酸、邻羟基苯甲酸、葵二酸、庚二酸、苹果酸、琥珀酸等。其主要功能是除去引线脚上的氧化物和熔融焊料表面的氧化物,是助焊剂的关键成分之一。

防腐蚀剂主要起减少树脂、活化剂等固体成分在高温分解后残留物质的作用。

助溶剂阻止活化剂等固体成分从溶液中脱溶的趋势,避免活化剂不良的非均匀分布。

成膜剂是引线脚焊锡过程中,所涂覆的助焊剂沉淀、结晶,形成的一层均匀膜。其高温分解后的残余物因有成膜剂的存在,可快速固化、硬化、减小黏性。

4.1.4　手工锡钎焊工艺

手工锡钎焊是电子专业的基本技能。特别是对于维修操作工来说,其技能水平的高低,通常可以由手工焊锡能力来粗略判定。在电子产品的故障中,有 50% 以上是由焊接不良引起的,所以一定要引起重视。

焊接时,要保证每个焊点焊接牢固、接触良好,保证焊接质量。好的焊点应是锡点光亮,圆滑而无毛刺,锡量适中,锡和被焊物融合牢固,不应有虚焊和假焊,甚至漏焊,这是对锡钎焊工艺操作的基本要求。

虚焊是指焊料与被焊件表面没有形成合金结构,只是简单地依附在被焊金属表面上,焊点处只有少量锡焊住,造成接触不良,时通时断。虚焊点的接触电阻会引起局部发热,局部温度升高又促使不完全接触的焊点情况进一步恶化,甚至最终使焊点脱落,造成电路完全不能正常工作。

假焊是指表面上好像焊住了,但实际上并没有焊上,只要用手一拨,元件就可以从焊点中拔出。

虚焊和假焊将给电子制作的调试和检修带来极大的困难。常用的预防办法是：保证烙铁头的清洁；焊接过程中不能移动元件；控制焊锡量、焊接温度和时间；注意烙铁头离开时的角度。检查时，除目测外还要用指触、镊子拨动、拉线等办法检查有无导线断线、焊盘剥离等缺陷。典型焊点的形状为近似圆锥而表面稍微凹陷，呈漫坡状，以焊接导线为中心，对称成裙形展开。虚焊点的表面往往向外凸出，可以以此辅助鉴别。

如果要拆焊的元件引脚较少，可用电烙铁熔解原焊点的焊锡，另一手用镊子轻轻夹住元件向外拉，将元件取下。

对于多引脚的元件，一般要使用吸锡器，将电烙铁头贴在焊点上，待焊点上的锡熔化后，用吸锡器将熔化的锡吸出，再用镊子将元件拔出或撬下，再重新焊接。有时焊点剩余焊锡过少时，加热再长时间焊锡也不会熔化，这时应补一些焊锡，利用其进行热量传递，将剩余的焊锡熔化，吸锡后，再取下元件。

注意

切忌用手直接拔元件，避免高温烫伤；一定在元件所有引脚松动后再取下元件，否则极易造成焊盘的损坏。

手工焊接技术可以根据操作的具体步骤归纳为五步操作法，即准备、加热、送丝、撤丝、断热。

1. 准备施焊

左手拿焊丝，右手握烙铁，进入备焊状态。要求烙铁头保持干净，无焊渣等氧化物，并在烙铁头上镀一层锡。焊接前，电烙铁要充分预热。

类似于导线之类比较粗大、吸热量也比较大的元件，应先对焊接部件进行预焊操作，即对焊接部位先预焊一层锡。如前文所述，锡与锡互焊，其亲和性是最强的，因而焊接的排斥性最小，使焊接更加容易操作。

2. 加热焊件

将烙铁头刃面紧贴在焊点处，加热整个焊接部位，时间大约 1~2 秒钟。要注意使烙铁头的焊锡液（锡桥）同时接触两个被焊接物，使其达到能够熔化焊锡的温度。

加热时，应该让焊件上需要焊锡浸润的各部分均匀受热，而不是仅仅加热焊件的一部分，更不要采用烙铁对焊件增加压力的办法，以免造成损坏或不易觉察的隐患。有些初学者用烙铁头对焊接面施加压力，企图加快焊接，这是不对的。正确的方法是根据焊件的形状选用不同的烙铁头，或者自己修整烙铁头，调整烙铁头和焊接的接触位置和角度，使烙铁头与焊件形成面的接触而不是点接触或线接触。这样，就能大大提高传热效率。

另外，注意烙铁和面部的距离，以 30~40 cm 为宜，以免吸入过量有害气体或被烫伤。

3. 送焊锡

电烙铁与水平面大约成 60℃ 角，以防熔化的锡被烙铁头带下。焊件的焊接面被加热到一定温度时，焊锡丝从烙铁对面接触焊件。烙铁头在焊点处停留的时间控制在 2~3 秒。

注意

> 不要把焊锡丝送到烙铁头上！

4. 去焊锡

当焊丝熔化一定量后，立即向左上 45°方向移开焊丝。一定注意焊锡的用量，少则不牢固，多则焊锡可能造成搭锡（搭桥），或焊锡透过通孔在电路板另一侧和相邻引脚短路。

5. 移开烙铁

焊锡浸润焊盘和焊件的施焊部位以后，顺着元器件的引脚刮拉着移开烙铁。送焊丝到移开烙铁的时间大约也是 1～2 秒。

注意

> 先移开焊丝，再移开电烙铁。移开电烙铁的方向对焊点存留焊锡的量和形状有影响，正确的撤离方向可以保证焊锡量和焊点的牢固性。

4.2　常见电子线路的检测工艺与调试

电路系统与安全生产和生活息息相关，所以它的安全保证与功能实现都要在设计与装配的过程中得到足够的重视。因此，对电气线路的检测，必须以严谨的态度，采用科学的方法和细致的步骤，对电路系统进行详细地检测，并形成记录报告，必须要做到安全、规范，并且可通过记录报告对每一道工序追溯源头。

检测的过程必须使用工具与量表，对电子线路中的每一个点进行检测，检查信号是否正常传递，即检查信号是否出现了中断、衰减、串扰、畸变、叠加等。首先要监测输入信号，使各个输入信号在设计范围之内。由于每个国家采用的电源标准不一样，所以消费电子产品的电源输入一般都会要求宽电压输入。如果要检测的对象耗电功率比较大，而供电线路的传输能力不足，尽管传输的线路不长，也会造成比较明显的线路损耗，导致供电不足的情况。特别指出，输入的信号包括了电源电功率信号以及待电路处理的其他信号，如待放大的音视频信号、传感信号、噪声干扰信号等。其次则是与此相对应的电路响应，则要根据设计目的来逐项检查。在输入信号允许可调的范围内，分别多次地测试电路的响应信号，包括信号的放大、信号的波形、信号的频率、信号的稳定性、电路的消耗功率等。

4.2.1　电子线路检测方法

一般地，任何工业产品在制造出来后，都需要进行品质检测以保证各项功能的实现，这道工艺一般称之为"QC"（Quality Control），中文称为"质量控制"。

质量控制的主要功能就是通过一系列作业技术和活动将各种质量变异和波动减少到最小程度。它贯穿于质量产生、形成和实现的全过程中。除了控制产品差异，质量控制部门还参与管理决策活动以确定质量水平。对于电子产品来说，它的质量控制既有电子产品共性的项目，也有其具体应用的功能参数，现就一般电子产品的线路检测方法作简单介绍。

1. 检测参数

由于电子产品的应用千差万别,其功能参数也五花八门,现对检测的参数大致分类介绍如下:

(1)机械参数:主要为了保证机械强度的各项指标参数符合安全要求,例如,元件与线路板的外部尺寸,元件引脚的直径,导线的直径与线芯直径。

尽管有一些电气线路的工作电流比较小,但为了保证连接的受力可靠性与频率信号的稳定性,仍然会采用比较粗的导线。

(2)电气参数:主要是指各项电气特性参数,如电压工作范围、工作最大电流、用电功率、抗干扰能力、电磁兼容与辐射等。

对于大学生在实训中所需要做的检测,主要是对电路的导通性、电压工作范围、电流工作范围、波形参数的检测,以保证实现电子线路的基本功能的实现。

2. 检测标准

根据产品的功能要求,对不同的产品采取不同的检测标准。一般而言,航空器使用的检测标准最为严格,其次是军用品,再次是工业品,最后是民用产品。

国际电工委员会(IEC)制定了相应的电气产品测试标准,以便在相同条件下对绝缘材料进行比较。这些标准被各国标准化组织采纳,例如德国标准化学会(DIN)、英国标准学会(BSI)、美国国家标准学会(ANSI)和日本电气计测器工业会(JEMIMA)。其他常用重要标准化组织还包括:美国电气与电子工程师学会(IEEE)、美国实验与材料协会(ASTM)以及美国电器制造商协会(NEMA)等。

电气部件与产品的质量检测一般由制造商根据设计规范进行,但有些机构可以为生产制造企业提供检测服务,以节省生产制造企业的成本。其中,第三方检测机构美国安全检测实验室(UL)进行的检测获得国际广泛认可。

对于检测的标准,社会上有专门的机构对产品进行抽样检测,针对样品采取对应的检测标准。如果样品能通过检测,则对与被检测产品具有相同品质的其他产品给予通过认证。国内外比较多见的认证包括:ISO、IEC、CCC、EMC、长城。

(a)   (b)   (c)   (d)   (e)

图 4-2-1   (a) ISO 认证标志 (b) IEC 认证标志 (c) 3C 认证标志
(d) EMC 认证标志 (e) 长城认证标志

图 4-2-2
3C 知识链接二维码

想了解更多关于检测标准的内容,可用手机浏览器扫描图 4-2-2 二维码深入学习。

3. 检测方法与步骤

(1)明确检测的各项功能参数,即检测参考标准。比如对于稳压可调电源,必须先知道该输入什么信号,设计的输出是什么信号。又比如信号发生器,输入什么信号,输出信号及其控制的方式是什么等。

（2）清理装配工作面。在元件装配的过程中，由于焊接或者剪切都可能会留下一些金属残渣，特别是焊接时产生的锡珠，黏附力比较强，可能会黏附到两个不同的电气节点之间，形成搭桥，如果不清理干净就通电，或许会直接引起短路。

（3）目视检查作品（产品）的装配质量。如果发现有明显的各类缺陷，包括装配缺陷与元件缺陷，要先进行修正，比如元件的极性错误、元件安装位置错误、元件参数错误、漏装漏焊、虚焊、搭桥、冷焊等。

（4）按实现功能的逻辑顺序做通电检测。

对于线路信号中断的检测，线路中断可以泛指在电气系统中可能出现的各种信号中断的情况。其中的信号可以理解为常见的几种情况：① 功率信号，具体还可以分为电功率信号（即电源信号）与电平信号等；② 控制信号，可以大致分为人工控制的状态切换信号与各类传感装置自动控制信号；③ 数据信号，主要指各种通信信号，包含模拟的高频无线电波与数字的网络信号等。

信号的中断常见的情形可以归纳为以下几种可能：① 人为设置的中断控制动作，如各种开关元件与传感保护装置等；② 外力引起的非正常中断，如虫害、挤压与剪切、老化松脱等；③ 受外场干扰引起的中断。

对于不同类型的线路中断故障排查，可以灵活运用不同的工具与方法加以排除。

数据信号——特别是网线，可以使用专门网线测通仪，只要把 RJ－45 公接头（俗称水晶头）插入到测通仪的母插座中就能直接通过 LED 扫描灯观测结果。

其他线路的测通则需要灵活运用一些简单方法。

① 掉线检测法：使用万用表的测通挡（蜂鸣挡、直通挡）对断开工作信号的目标线路的首尾两端进行检测，通过对线路电阻的检测判断线路是否出现断路。

② 在线检测法：线路工作在正常信号的情况下，使用相应的工具与量具进行在线检测。比如对生活与工厂电路的排查就常用验电笔检查线路是否带电，还可以使用万用表测量信号的参数（电压）。另外，使用万用表测量交流信号时，难以确定零线与相（火）线，只能测量电参数的数值，此时往往需要配合验电笔来判定相（火）线。值得说明的是，对于交流电信号系统，一般要求使用暖色系色线接入相线（火线），冷色系纯色接入零线，特别是对于三相四线制线路，标准的接线使用黄色表示 A 相，绿色表示 B 相，红色表示 C 相。而黄绿线则默认为地线（E、PE），蓝色默认为零线（N）。相（火）线用 A、B、C 分开表示或者统一用 L 表示。

③ 信号检测法：对于某些容易混淆的电路或者有传输容量要求的线路，可以使用信号检测法。比如对频率衰减有要求的线路，可以先把工作信号断开，再把线路孤立出来，单独在线路的一头输入特定信号，然后在线路的另一头对接收信号进行定量检测。

4.2.2　电子线路调试常用方法

为了保证电子线路各方面的功能参数符合相关规定，一般电气产品的样机都需要做深入的检测与调试，以确定设备的最佳参数，对于爱好电子制作以及电子电气专业的从业人员，掌握电子线路调试方法将会使自己制作的产品能达到更优的质量水平。

任何复杂电路都是由一些基本单元电路组成的。因此，调试包括测试和调整两个方面。所谓电子电路的调试,是以达到电路设计指标为目的而进行的一系列的测量—判断—调整—再测量的反复进行过程。

为了使调试顺利进行,设计的电路图上应当标明各点的电位值,相应的波形图以及其他主要数据。调试方法通常采用按照先分调后联调(总调)的步骤进行。因此,调试时可以循着信号的流程,逐级调整各单元电路,使其参数基本符合设计指标。这种调试方法的核心是把组成电路的各功能块(或基本单元电路)先调试好,并在此基础上逐步扩大调试范围,最后完成整机调试。

采用先分调后联调的优点是能及时发现问题和解决问题。新设计的电路一般采用此方法。对于包括模拟电路、数字电路和微机系统的电子装置更应采用这种方法进行调试。只有把三部分分开调试达到设计指标后,再经过信号及电平转换电路才能实现整机联调。否则,由于各电路要求的输入、输出电压和波形不匹配,盲目进行联调,就可能造成大量的器件损坏。

除了上述调试方法外,对于已定型的产品和需要相互配合才能运行的产品也可采用一次性调试。

按照上述调试电路原则,具体调试步骤如下:

1. 通电观察

把经过准确测量的电源接入电路。观察有无异常现象,包括有无冒烟、是否有异常气味、手摸元器件是否发烫、电源是否有短路现象等。如果出现异常,应立即切断电源,待排除故障后才能再通电。然后测量各路总电源电压和各器件的引脚的电源电压,以保证元器件正常工作。通过通电观察,认为电路初步工作正常,就可转入正常调试。

2. 静态调试

交流、直流并存是电子电路工作的一个重要特点。一般情况下,直流为交流服务,直流是电路工作的基础。因此,电子电路的调试有静态调试和动态调试之分。静态调试一般是指在没有外加信号的条件下所进行的直流测试和调整过程。例如,通过静态测试模拟电路的静态的工作点,数字电路的各输入端和输出端的高、低电平值及逻辑关系等,可以及时发现已经损坏的元器件,判断电路工作情况,并及时调整电路参数,使电路工作状态符合设计要求。

3. 动态调试

动态调试是在静态调试的基础上进行的。调试的方法是在电路的输入端接入适当频率和幅值的信号,并循着信号的流向逐级检测各有关点的波形、参数和性能指标。发现故障现象,应采取不同的方法缩小故障范围,最后设法排除故障。

测试过程中不能凭感觉和印象,要始终借助仪器观察。使用示波器时,最好把示波器的信号输入方式置于"DC"挡,通过直流耦合方式,可同时观察被测信号的交、直流成分。

通过调试,最后检查功能块和整机的各种指标(信号的幅值、波形形状、相位关系、增益、输入阻抗和输出阻抗等)是否满足设计要求。如有必要,再进一步对电路参数提出合理的修正。

第5章 安全文明生产基础

5.1 安全文明生产的重要性

  安全文明施工是企业管理工作的一个重要组成部分,是企业安全生产的基本保证,体现着企业的综合管理水平,文明的施工环境是实现职工安全生产的基础。科学实验作为科学研究的重要一环,实验室的安全是工作的重中之重,来不得半点马虎与侥幸。

 案例

  2018 年 12 月 26 日,北京交通大学东校区 2 号楼实验室内学生进行垃圾渗滤液污水处理科研试验时发生爆炸。经核实,事故造成 3 名参与实验的大学生不幸意外身亡。

  北京市应急管理局于 2019 年 2 月 13 日发布北京交通大学"12·26"事故调查报告。报告确认事故直接原因为:在使用搅拌机对镁粉和磷酸进行搅拌的反应过程中,料斗内产生的氢气被搅拌机转轴处金属摩擦、碰撞产生的火花点燃爆炸,继而引发镁粉粉尘云爆炸,爆炸引起周边镁粉和其他可燃物燃烧,造成现场 3 名学生身亡。而违规开展试验、冒险作业,违规购买、违法储存危险化学品,对实验室和科研项目安全管理不到位是导致本起事故的间接原因。报告称,经事故调查组认定,本事故是一起责任事故。

  通过上述案例可知,由于在实验操作的过程中,存在着很多不确定性因素,其中既有未知现象与规律的因素,也有技术的不成熟因素,以及环境对实验过程的适应性因素等,均会导致或轻或重的危险存在。因此,在实验室中进行各项操作时,应该以严谨科学的态度,高度重视安全,才能够保证人身和设备的安全。

5.2　安全文明生产基本要求

对于电气生产车间与实验室来说，不安全的因素有很多。因此，在实验室与生产车间中进行工艺作业时，应该根据实际情况制定出相应的操作规程，并制定出应对突发事件的预案。由于本书是针对电子类相关专业的电路课程设计使用的，因此，下文只针对电子专业实验室的情况进行分析。

对于电子实验室的安全文明生产基本要求，首先应该从思想上高度重视，其次要在措施上做好各种预防措施，最后对可能发生的情况制订相应的应急预案。

5.2.1　提高安全意识

在上一节的北京交通大学实验室事故中，如果校方在思想上提高对实验室安全的认识，以严谨科学的态度去考虑安全问题，或许悲剧就不会发生。

因此，大学生在第一次使用实验室之前，应该先接受相关安全文明生产思想教育，通过老师讲解、观看视频、情景模拟等方式，充分认识到安全文明生产的重要性，以及安全事故的严重后果。

让学生养成在进入实验室之前就端正态度的好习惯，时刻警惕可能会存在或者发生的各种危险，彻底将安全事故消灭在萌芽状态。

5.2.2　规范操作，杜绝漏洞

为了确保实验过程的安全，《实验室安全操作规程》中必须明确规定实验设备的使用要求、实验操作的基本工艺步骤等。师生在实验室的各类事件活动必须严格按《实验室安全操作规程》规范操作。附《电子技术实验室操作规程》。

电子技术实验室操作规程

1. 进入实验室的学生必须接受安全教育，端正态度，自觉服从管理，严格遵守实验室的各项规章制度和规定。严格遵守仪器设备的操作规程，对违规者指导教师有权停止其实验，情节严重者将移交给相关行政部门予以处理。

2. 实验前要认真阅读教材、实验参考书和有关参考资料，做好实验预习报告，并按照任课教师的要求做好实验前各项准备工作。

3. 进入实验室后，要服从实验教师的指导，按照指定座次就位，签名，遵守安全规则，严禁穿背心、吊带装、拖鞋、高跟鞋等进实验室；严禁吸烟、吐痰、乱扔纸屑。

4. 认真听取教师讲解，仔细观摩教师的操作示范过程，实验前要熟悉实验设备、仪器的使用方法、操作步骤及注意事项。

5. 正确使用仪器仪表、工具，严格遵守安全用电常识的规则。

6. 当需要给设备通电时,需经老师检查允许,不允许学生随意动用实验用品及合闸送电。

7. 按实验要求进行操作、调试、检测,如实记录实验数据。

8. 在实验中,如有疑难问题,要及时请教指导教师或实验室工作人员;学生不得随意调换或拆卸实验仪器设备,严禁私自拆卸仪器设备;如违反操作规程而使设备损坏的,应及时报告教师,由实验教师提出处理意见,经学校审查同意后,按规定酌情赔偿,并做违规处理。

9. 实验中出现异常现象,应立即断电,由指导教师排除故障后方可继续实验。

10. 实验期间不准将与实验无关的人员带入实验室,不得做与实验无关的事或玩游戏,严禁修改、删除、复制计算机的系统软件与应用软件。

11. 实验完毕,首先切断电源,再拆除电路连线,并将仪器、设备及连接线等放归原处,以及填写实验相关的过程记录;经指导教师检查同意后,摆好桌椅,清洁环境,方可离开实验室。

12. 严禁不经许可将实验室的任何物品带出实验室。

5.2.3　百密一疏,制订应急预案

在一些诸如地震、台风等不可抗力的情况下,还是会出现一些无法避免的实验安全事故。所以,除了在思想上高度重视外,还要制订相关的应急预案。常用的应急预案如下:

（1）突发触电事故。比如断电后的突然送电,容易造成人员突发性触电事故。

（2）电气线路短路。这种情况容易引发火灾,所以相应的消防设施要有保障。

（3）实验室中可能出现人员高度集中的情况,当发生突发事件时,容易产生踩踏事件,在实验室以及周边有必要设置各种应急通道与集合场地。

第 6 章　模拟电子技术课程设计项目

6.1　基于集成电路的音频放大器设计

音乐是一种传递人类感情的迷人艺术,它需要一种载体来加以传送。高保真音响可如实地还原音乐,让人们从完全真实的音乐重放中汲取音乐的灵魂。

随着科技的发展和生活水平的提高,人们对音乐欣赏水平也越来越高,因而对音乐重放设备提出了更高的要求。经过多年的改进和完善,高保真音响已达到比较成熟的阶段,它采用单声道,用一个传声器拾取声音,用一个扬声器进行放音,它把来自不同方位的音频信号混合后统一由录音器材把它记录下来,再由一只音箱进行重放。

6.1.1　设计任务及要求

1. 设计目的

(1) 掌握音频放大电路的设计、组装与调试方法。

(2) 加深对模拟电子技术相关知识的理解及应用。

2. 设计任务

设计一个音效保真的音响。

3. 设计要求

(1) 基本要求

给定 5 V 直流稳压电源,当通入音频信号以后,可以不失真地被放大,并且音量可调。

(2) 提升要求

加发光二极管外围电路,使二极管灯光随音乐节拍闪烁。

6.1.2　音频放大器系统框图

生活中的传声器工作时将声信号转变为电信号时的幅度一般只有数毫伏,不足以推动较大功率的扬声器发声,只有经过扩音器放大后,将微弱的电信号转换成较大功率的电信号,才能送入扬声器发出较大的声音。放大电路的作用就是将小的或微弱的电信号转换成较大的电信号。

　　放大电路一般主要由电压放大电路和功率放大电路两部分组成。先由电压放大电路将微弱的电信号放大,去驱动功率放大电路,再由功率放大电路所输出的大功率信号去推动执行元件进行工作,如图 6‑1‑1 所示。

图 6‑1‑1　音频放大器系统框图

6.1.3　各模块工作原理与相关知识

1. 放大电路

　　电压放大电路和功率放大电路按结构的器件分类,可分为分立器件放大电路和集成电路放大电路。电压放大电路对电路的要求是使输出端得到不失真的电压信号。而功率放大电路要求在输出端获得一定的不失真或者失真较小的输出功率。

　　放大电路的电路图如图 6‑1‑2 所示。从电路结构上看,该电路的结构为基极分压式共射放大电路。

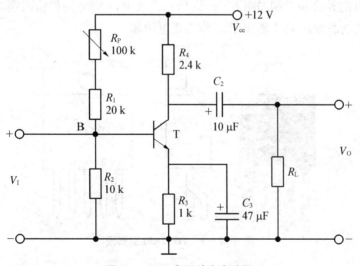

图 6‑1‑2　电压放大电路图

　　对于普通的共射极放大电路而言,随着温度的变化,会使静态工作点过高或过低,进入饱和区或者截止区而产生饱和失真或者截止失真。若采用基极分压式的电路结构,便可以有可靠的稳定静态工作点,而不受温度变化的影响。

$$V_\mathrm{B} = \frac{R_2}{R_1 + R_2 + R_\mathrm{P}} V_\mathrm{CC} \qquad (6\text{‑}1\text{‑}1)$$

$$I_\mathrm{CQ} = I_\mathrm{EQ} = \frac{V_\mathrm{B} - V_\mathrm{BEQ}}{R_3} \qquad (6\text{‑}1\text{‑}2)$$

$$I_{BQ} = \frac{I_{CQ}}{\beta} \qquad (6-1-3)$$

$$V_{CEQ} \approx V_{CC} - (R_3 + R_4)I_{CQ} \qquad (6-1-4)$$

因为在 R_3 旁并联了一个旁路电容 C_3，可以提高电路的电压增益。

$$A_v = -\frac{\beta(R_4 \parallel R_L)}{r_{be}} \qquad (6-1-5)$$

其中 R_L 为电容 C_2 后面电路等效的电阻。

同样，此电路也具有电流放大的作用。

$$A_I = \frac{I_E}{I_B} \qquad (6-1-6)$$

因此，在输出端可以得到一个电压和功率均被放大的信号。

2. 音频功率放大电路

TDA2030 是许多电脑有源音箱所采用的 HI-FI 功放集成块。它接法简单，价格实惠。额定功率为 14 W，电源电压为 ±6～±18 V。输出电流大，谐波失真和交越失真小，具有优良的短路和过热保护功能。

TDA2030 的外形和引脚如图 6-1-3 所示。其中，1 脚为同相输入端，2 脚为反相输入端，3 脚为负电源端，4 脚为输出端，5 脚为正电源端。

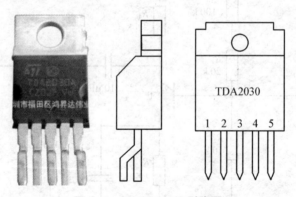

图 6-1-3　TDA2030 引脚图

3. 扬声器电路

生活中的传声器工作时将声信号转变为电信号时的幅度一般只有数毫伏，不足以推动较大功率的扬声器发声。因此，扬声器电路的驱动信号由功率放大电路输出足够的功率信号去驱动，如图 6-1-4 所示。

图 6-1-4　扬声器驱动电路图

6.1.4　集成电路音频放大器电路设计图

集成电路的音频放大器电路设计原理

图如图 6-1-5 所示。

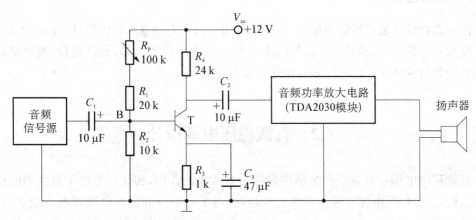

图 6-1-5　音频放大器电路设计原理图

6.1.5　知识拓展

为便于集成化,放大电路可采用 8002 集成芯片代替。8002 是一种桥工音频功率放大器,使用 5 V 电源,且 THD+N≤1.0％时,能给一个 4 Ω 的负载提供 2 W 的平均功率。

8002 音频功率放大器是为提供高质量的输出功率而设计的,需要很少的外围设备,便可以提供高品质的输出功率。

8002 不需要输出耦合电容,具有高电平关断模式,非常适合低功耗的便携式系统。8002 可以通过外部电阻控制增益,并有补偿器件以保证芯片的正常工作。

为了呈现更有律动美的效果,可添加 KA2284 芯片。

KA2284 是用于 5 点 LED 电平指示的集成电路。内含的交流检波放大器,适用于 AC/DC 电平指示,如 VU 仪表或信号指示器。

电平指示器实际上也就是一个 AD 转换器,输入高低不同的电压,5 段 LED 电平指示电路就可以输出 5 个 LED 不同的点亮状态。不同的是,LED 只能顺序点亮和熄灭,输出也只有 6 个状态,即"全熄—亮 1—再亮 2—再亮 3—再亮 4—再亮 5"。

电平指示常常用 LED 点亮的数量来做功放输出或者环境声音大小的指示,即声音越大,点亮的 LED 越多,声音越小,点亮的 LED 越少。不过,在欣赏音乐时,光线随着音乐而有节律地变化,给人美的享受!

6.1.6　安装调试要点

首先要检查和测试元器件的性能和参数是否符合设计要求,其次是根据电路设计原理图进行元器件的布局,然后进行布线(此部分也可先用 Protel 软件画出原理图,然后画好 PCB 文件进行 PCB 板的制作),最后进行焊接。一般来说,焊接应该按系统的模块进行,即每焊接完一个功能模块的所有元器件后,要对这一模块进行检查调试,检查各单元电路的功能和主要指标是否达到设计要求,没有问题后再继续进行后面模块的焊接工作。最后,完成所有模块的电路制作,进行整体调试。

6.1.7　总结报告

按照课程设计报告给定的模板,总结单声道高保真音响电路整体设计、安装和调试过程。要求有电路图、原理说明、电路所需元件清单、电路参数计算、元件选择、测试结果分析以及安装与调试中存在的问题和排除故障的方法。

6.2　直流稳压电源设计

直流稳压电源在日常生产生活中发挥着非常大的作用,相比各个电子设备内的机内电源来说,直流稳压电源有着非常大的优越性,电子设备内的机内电源放电不稳定,会对电子设备造成一定的影响。大部分电子设备的机内电源的功能都是通过单向导电性元器件将交流变换为直流,并用储能元器件组成的各种滤波电路滤除直流中的脉动成分,但这些功能仍不能满足一些电子设备对直流稳压电源的要求,这样会对电子设备的工作造成不良影响,其主要表现在以下几方面:

1. 输入电压范围的影响

当输入电压过高时,会使某些元器件所加电压过高或消耗功率过大而损坏;当输入电压过低时,又会使某些元器件性能下降,甚至不能工作。

2. 电压不稳定的影响

示波器的电源必需稳定,以保证光点的偏转灵敏度、扫描时间等的准确性。数字电压表中要求内部有极精确的稳定电源,以保证电压/数字的转换精度。

3. 输出端过电压的影响

直流稳压电源输出电压超过集成电路额定电压30%以上时,可能造成集成电路大量损坏。

4. 短暂停电的影响

市话通信不能瞬时停电,否则全局通信中断,造成重大事故;类似计算机等设备采用交流供电时,必须采用交流不间断电源。

由此可见,直流稳压电源在电子设备中的作用非常重要。如能彻底地消除这些不利影响,直流稳压电源在电子设备的工作过程中将发挥更大的作用。

6.2.1　设计任务及要求

1. 设计目的

(1) 掌握直流稳压电源的设计、组装与调试方法。

(2) 加深对模拟电子技术相关知识的理解及应用。

2. 设计任务

设计一个输出可调的、稳定的直流电压源。

3. 设计要求

(1) 基本要求

① 输入电压范围 AC 100 V～250 V。

② 输出电压可调范围为 DC 1 V~15 V。

③ 最大输出电流为 1 A。

④ 输出电压变化量小于 15 mV。

⑤ 稳压系数小于 0.003。

（2）提升要求

加入部分电路,提高带负载能力,降低稳压系数。

6.2.2　直流稳压电源系统框图

电路主要由变压器将 220 V 交流电压降压为 12 V 交流电压,然后经过整流桥将交流电压整流为具有纹波的直流电压,具有纹波的直流电压经过电容滤波电路,变为具有较小纹波的直流电压,最后经过稳压环节,成为稳定可调的直流稳压电压源。直流稳压电源系统框图如图 6-2-1 所示。

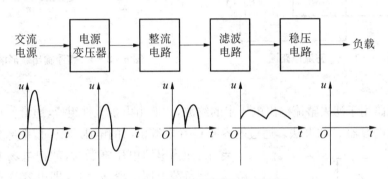

图 6-2-1　直流稳压电源系统框图

6.2.3　各模块工作原理与相关知识

1. 变压电路

电源变压器的最基本型式,包括两组绕有导线线圈,并且彼此以电感方式组合在一起。当一交流电流流过其中一组线圈时,另一线圈中将感应出具有相同频率的交流电流。

电源变压器是将 220 V 的电网交流电压变换成需要的交流电压,送给后面的功能模块。变压器的变比由变压器的副边电压决定。变压电路图如图 6-2-2 所示:

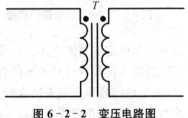

图 6-2-2　变压电路图

2. 整流电路

整流电路的任务是将交流电变换成直流电。完成这一任务主要是靠二极管的单向导电作用,因此,二极管是构成整流电路的关键元件。

单向桥式整流电路图如图 6-2-3 所示。

桥式整流电路利用四个二极管,两两对接。输入正弦波的正半周部分时,两只二级管导通,在输出端得到上正下负的输出电压;输入正弦波的负半周部分时,另外两只二级管导通,由于这两只二极管是反接的,所以输出还是正弦波的正半部分。因此,在整流桥的作用下,将输入的交流电整流为带有纹波的直流电。整流输出波形图如图6-2-4所示。

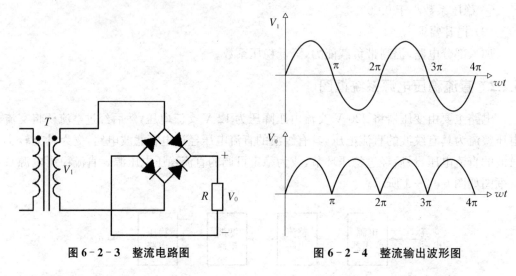

图 6-2-4 整流输出波形图

图 6-2-3 整流电路图

3. 滤波电路

滤波电路用于滤去整流输出电压中的纹波,一般由电抗元件组成,通常使用在负载电阻两端并联电容器 C 的办法。通过电容器 C 在电源供给的电压升高时,把部分能量储存起来,而当电源电压降低时,就把电场能量释放出来,使负载电压平滑地变化,即电容具有平波的作用。电容滤波电路的原理图如图6-2-5所示。当负载 R_L 未接入(开关 S 断开)时:设电容器两端初始电压为零,接入交流电源后,当 V_1 为正半周时,V_1 通过 D_1 和 D_3 向电容器 C 充电;V_1 负半周时,经 D_2 和 D_4 向电容器 C 充电。电容器两端电压很快就充到交流电压 V_1 的最大值 $\sqrt{2}V_1$。由于电容器无放电回路,所以输出电压保持在 $\sqrt{2}V_1$,输出为一个恒定的直流电压。

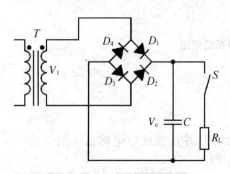

图 6-2-5 滤波电路原理图

当接入负载 R_L(开关 S 闭合)时:设变压器二次电压 V_1 从 0 开始上升,接入负载 R_L 后,由于电容器在负载未接入前充了电,因此,电容器 C 将经 R_L 进行放电,因此,电容两端的电压 V_c 按指数规律慢慢下降。与此同时,交流电压 V_1 按正弦规律上升,当 $V_1 > V_c$ 时,二极管 D_1 和 D_3 受正向电压作用而导通,此时 V_1 经二极管 D_1、D_3 一方面向负载 R_L 提供电流,另一方面向电容器 C 充电。电容器 C 周而复始地进行充放电,负载上便得到一个近似锯齿波的电压,使负载电压的波动大为减小,经电容滤波后的电压输出波形如图6-2-6所示。

4. 稳压电路

在输入电压、负载、环境温度、电路参数等发生变化时仍能保持输出电压恒定的电路,这种电路能提供稳定的直流电源,广为各种电子设备所采用。稳压电路的结构种类有很多,这里着重介绍引入具有放大环节和辅助电源的串联反馈式可调稳压电源的工作原理。电路原理图如图 6-2-7 所示。

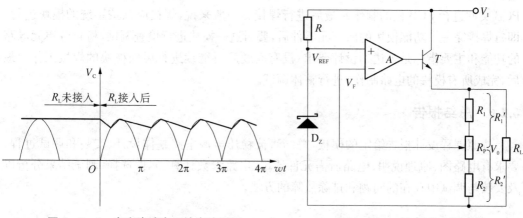

图 6-2-6　电容滤波电压输出波形图　　　图 6-2-7　稳压电路原理图

从图 6-2-7 可见,这种稳压电路的主回路是起调整作用的 BJT 与负载串联,因此,称为串联式稳压电路。输出电压的变化量由反馈网络取样经比较放大电路 A 放大后去控制调整管 T 的 c-e 极间的电压降,从而达到稳定输出电压 V_o 的目的。

工作原理:当输入电压 V_I 增加时,导致输出电压 V_o 增加,随之反馈电压 $V_F = \dfrac{R_2' V_o}{R_1' + R_2'} = F_v V_o$ 也增加。V_F 与基准电压 V_{REF} 相比较,其差值电压经比较放大电路放大后使 V_B 和 I_C 减小,调整管 T 的 c-e 极间的电压 V_{CE} 增大,使 V_o 下降,从而维持 V_o 基本恒定。

输出电压调节范围为:

$$V_{omin} = \frac{R_1 + R_2 + R_P}{R_2 + R_P} V_{REF} \tag{6-2-1}$$

$$V_{omax} = \frac{R_1 + R_2 + R_P}{R_2} V_{REF} \tag{6-2-2}$$

6.2.4　知识拓展

为便于集成化,可调直流稳压电源也可采用集成芯片来完成相应功能。LM317 是应用最为广泛的电源集成电路之一,它不仅具有固定式三端稳压电路的最简单形式,又具备输出电压可调的特点。此外,还具有调压范围宽、稳压性能好、噪声低、纹波抑制比高等优点。LM317 是可调 3 端正电压稳压器,因在输出电压范围 1.2 V 到 37 V 时能够提供超过 1.5 A 的电流,故此稳压器得到广泛使用。

6.2.5　安装调试要点

首先要检查和测试元器件的性能和参数是否符合设计要求,其次是根据电路原理图进行元器件的布局,然后进行布线(此部分也可先用 Protel 软件画出原理图,然后画好 PCB 文件进行 PCB 板的制作),最后进行焊接。一般来说,焊接应该按系统的模块进行,即每焊接完一个功能模块的所有元器件后,要对这一模块进行检查调试,检查各单元电路的功能和主要指标是否达到设计要求,没有问题后再继续进行后面模块的焊接工作。最后,完成所有模块的电路制作,进行整体调试。

6.2.6　总结报告

按照课程设计报告给定的模板,总结直流稳压电源电路整体设计、安装和调试过程。要求有电路图、原理说明、电路所需元件清单、电路参数计算、元件选择、测试结果分析以及安装与调试中存在的问题和排除故障的方法。

6.3　函数信号发生器设计

函数(波形)信号发生器是一种能产生某些特定的周期性时间函数波形(正弦波、方波、三角波、锯齿波和脉冲波等)信号的电路或仪器,频率范围可从几个微赫到几十兆赫。函数信号发生器在电路实验和设备检测中具有十分广泛的用途。在测量各种电信系统或电信设备的振幅特性、频率特性、传输特性及其他参数,以及测量元器件的特性与参数时,用作测试的信号源或激励源。例如在通信、广播、电视系统中,都需要射频(高频)发射,这里的射频波就是载波,把音频(低频)、视频信号或脉冲信号运载出去,就需要能够产生高频的振荡器。除供通信、仪表和自动控制系统测试以外,还广泛用于其他非电量测量领域。

6.3.1　设计任务及要求

1. 设计目的

(1) 掌握函数信号发生器的设计、组装与调试方法。

(2) 加深对模拟电子技术相关知识的理解及应用。

2. 设计任务

运用所学知识,设计一个能输出正弦波、方波、三角波波形的函数信号发生器。

3. 设计要求

(1) 基本要求

① 输出频率为 $f=300\ \text{Hz}$,误差小于 $\pm2\%$。

② 正弦波输出幅度不小于 5 V,矩形波输出幅度不小于 500 mV,三角波输出幅度不小于 20 mV。

③ 要求波形失真小,电路工作稳定可靠,布线美观。

（2）提升要求

① 改进电路使得输出频率范围为 50～500 kHz 可调的函数信号发生器。

② 改进电路使得输出矩形波幅度不小于 5 V，三角波幅度不小于 1 V，且波形失真小。

6.3.2　函数信号发生器系统框图

电路主要由 RC 正弦波振荡电路、滞回比较器电路和积分电路组成。RC 正弦波振荡电路产生正弦波，正弦波经过滞回比较器产生方波，方波经过积分电路产生锯齿波，进而实现了函数信号发生器的功能。函数信号发生器系统框图如图 6-3-1 所示。

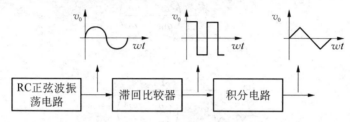

图 6-3-1　函数信号发生器系统框图

6.3.3　各模块工作原理与相关知识

1. 正弦波电路工作原理

RC 正弦波振荡电路如图 6-3-2 所示。电路由两部分组成，即放大电路 A_v 和选频网络 F_v。A_v 由集成运放所组成的电压串联负反馈放大电路组成，F_v 则由 Z_1 和 Z_2 组成，同时兼作正反馈网络。

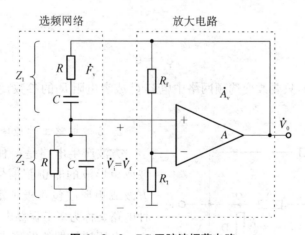

图 6-3-2　RC 正弦波振荡电路

RC 串并联选频网络的选频特性

$$Z_1 = R + \frac{1}{sRC} = \frac{1+sRC}{sC} \tag{6-3-1}$$

$$Z_2 = \frac{R \cdot \dfrac{1}{sC}}{R + \dfrac{1}{sC}} = \frac{R}{1 + sRC} \tag{6-3-2}$$

$$F_{\mathrm{v}}(s) = \frac{V_{\mathrm{f}}(s)}{V_{\mathrm{o}}(s)} = \frac{Z_2}{Z_1 + Z_2} = \frac{sRC}{1 + 3sRC + (sRC)^2} \tag{6-3-3}$$

令 $s = \mathrm{j}\omega$ 且 $\omega_0 = \dfrac{1}{RC}$ 可得：

$$F_{\mathrm{v}} = \frac{1}{3 + \mathrm{j}\left(\dfrac{\omega}{\omega_0} - \dfrac{\omega_0}{\omega}\right)} \tag{6-3-4}$$

幅频响应为

$$F_{\mathrm{v}} = \frac{1}{\sqrt{3^2 - \left(\dfrac{\omega}{\omega_0} - \dfrac{\omega_0}{\omega}\right)^2}} \tag{6-3-5}$$

相频响应

$$\varphi_{\mathrm{f}} = \arctan \frac{\left(\dfrac{\omega}{\omega_0} - \dfrac{\omega_0}{\omega}\right)}{3} \tag{6-3-6}$$

幅频响应最大值为

$$F_{\mathrm{vmax}} = \frac{1}{3} \tag{6-3-7}$$

相频响应

$$\varphi_f = 0 \tag{6-3-8}$$

综上所述可知,只要改变选频网络中电容 C 或者电阻 R 的参数,便可调节输出信号的频率。

2. 方波电路工作原理

方波产生电路是一种能够直接产生方波或矩形波的非正弦信号发生电路。由于方波或矩形波包含极丰富的谐波,因此,这种电路又称为多谐振荡电路。

电压比较器能够将正弦波转换为方波,其中,滞回比较器具有滞回特性,其抗干扰能力较强,因此,大部分采用滞回比较器组成正弦波—方波转换电路。

方波产生电路图如图 6-3-3 所示。

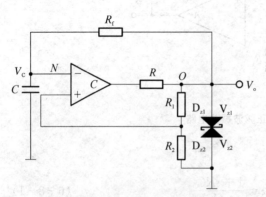

图 6-3-3　方波产生电路

由门限电压求法可得：

$$V_T = \left(-\frac{R_1}{R_2} \right) V_o \qquad\qquad (6-3-10)$$

在接通电源的瞬间，输出电压究竟偏于正向饱和还是负向饱和，均属于偶然。假设通电瞬间，电压偏于正向饱和，即 $V_o = +V_z$ 时，加到电压比较器同相端的电压为 $+FV_z$，而加于反相端的电压，由于电容器 C 上的电压 V_C 不能突变，只能由输出电压 V_o 通过电阻 R_f 按指数规律向 C 充电来建立，当加到反相端的电压 V_C 略高于 $+FV_z$ 时，输出电压便立即从正饱和值 $+V_z$ 迅速翻转到负饱和值 $-V_z$，$-V_z$ 又通过 R_f 对 C 进行反向充电，直到 V_C 略低于 $-FV_z$ 值时，输出状态再翻转回来，如此循环往复，形成一系列的方波输出。输出波形图如图 6-3-4 所示。

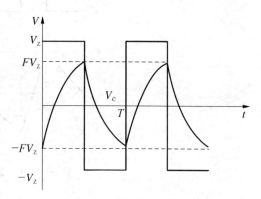

图 6-3-4　方波输出波形图

3. 锯齿波电路工作原理

锯齿波通常是给积分电路的输入端加方波信号产生的。锯齿波产生电路的电路图如图 6-3-5 所示。

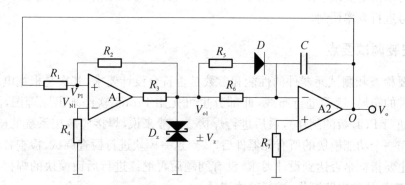

图 6-3-5　锯齿波产生电路图

设 $t=0$ 时接通电源，有 $V_{o1} = -V_z$，则 $-V_z$ 经 R_6 向 C 充电，使输出电压按线性规律增长。当 V_o 上升到门限电压 V_{T+}，使 $V_{P1} = V_{N1} = 0$ 时，比较器输出电压 V_{o1} 由 $-V_z$ 上跳到 $+V_z$，同时门限电压下跳到 V_{T-} 值。以后 $V_{o1} = +V_z$ 经 R_6 和 D、R_5 两条支路向 C 反向充电，由于时间常数减小，V_o 迅速下降到负值。当 V_o 下降到门限电压 V_{T-} 使 $V_{P1} = V_{N1} = 0$ 时，比较器输出 V_{o1} 又由 $+V_z$ 下跳到 $-V_z$。如此周而复始产生振荡，输出波形如图6-3-6所示。

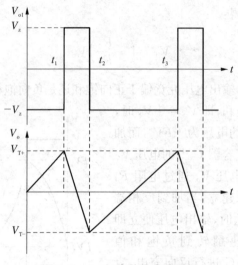

图 6-3-6　锯齿波输出波形图

6.3.4　知识拓展

为便于集成,可以采用集成芯片 ICL8038 来实现以上函数信号发生器的功能。

ICL8038 是一种具有多种输出波形的精密振荡集成电路,只需调整个别的外部元件就能产生 0～300 kHz 的低失真正弦波、矩形波和三角波等脉冲信号,输出波形的频率和占空比还可以由电流或电阻控制。此外,由于该芯片具有调频信号输入端,所以可以用来对低频信号进行频率调制。

6.3.5　安装调试要点

首先要检查和测试元器件的性能和参数是否符合设计要求,其次是根据电路原理图进行元器件的布局,然后进行布线(此部分也可先用 Protel 软件画出原理图,然后画好 PCB 文件进行 PCB 板的制作),最后进行焊接。一般来说,焊接应该按系统的模块进行,即每焊接完一个功能模块的所有元器件后,要对这一模块进行检查调试,检查各单元电路的功能和主要指标是否达到设计要求,没有问题后再继续进行后面模块的焊接工作。最后,完成所有模块的电路制作,进行整体调试。

6.3.6　总结报告

按照课程设计报告给定的模板,总结函数信号发生器的电路整体设计、安装和调试过程。要求有电路图、原理说明、电路所需元件清单、电路参数计算、元件选择、测试结果分析,以及安装与调试中存在的问题和排除故障的方法。

6.4　声控灯设计

随着社会的发展,资源大量开采使得能源在逐渐地减少,节能迫在眉睫,声控灯不需要开关,当人经过昏暗的楼道时自动点亮,离开时自动熄灭,达到很好的节能效果。目前已广泛应用于走廊、楼道等公共场所,是人们日常生活中不可缺少的必需品。声控电路将声音和光转化为电信号,经放大、整形,输出一个开关信号去控制各种电器的工作状态,在自动控制工业电器和家用电器方面有着广泛的用途。

在光线充足时,任你发出多大的声音,声控灯都不亮,但在黑夜,只需轻轻一声它就会发光,以防止其在光线充足的时候工作,所以声控灯的控制盒是集声、光电于一体的控制。

6.4.1　设计任务及要求

1. 设计目的

(1) 掌握声控灯电路的设计、组装与调试方法。

(2) 加深对模拟电子技术相关知识的理解及应用。

2. 设计任务

设计一个受声音和光线控制的灯。

3. 设计要求

(1) 基本要求

白天光线强的时候,灯不亮;夜晚光线弱,且有声音的时候灯才会亮,当声音消失后,灯亮 1 分钟后熄灭。

(2) 提升要求

运用数字电路相关知识,通过模拟电路结合数字电路来实现此功能。

6.4.2　声控电路系统框图

声控灯主要与光线、声音、灯等几个重要因素有关,图 6-4-1 为声控灯的基本结构框图,主要由直流稳压电源电路、声音信号输入电路、光信号输入电路、延时控制电路以及外接电路组成。

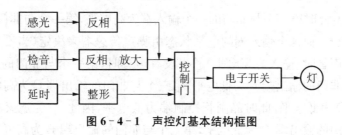

图 6-4-1　声控灯基本结构框图

6.4.3　各模块工作原理与相关知识

1. 直流电源电路

直流稳压电源的电路图如图 6-4-2 所示。电路主要由变压器将 220 V 交流电压降压为 12 V 交流电压,然后经过整流桥将交流电压整流为具有纹波的直流电压,具有纹波的直流电压经过电容滤波电路,变为具有较小纹波的直流电压,最后经过稳压环节,成为稳定的可调的直流稳定电压源。

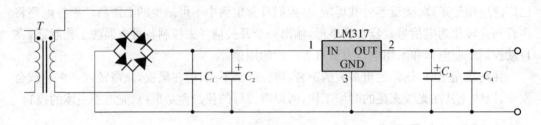

图 6 - 4 - 2   直流稳压电源电路图

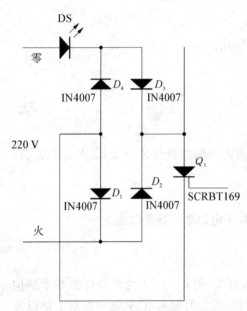

图 6 - 4 - 3   光信号输入电路电路图

2. 光信号输入电路

当晶闸管 BT169 的控制极为高电平且输入的交流信号处于正半周时,电流流向为 D2—地—D4—灯,因此,可将灯点亮;当输入的交流信号处于 BT169 的控制极为低电平时,晶闸管 BT169 截止,此时不会产生驱动灯的电流,因此,灯保持熄灭的状态。由此可见,灯的亮灭由晶闸管的控制极电平决定。光信号输入电路如图 6 - 4 - 3 所示。

图 6 - 4 - 6 中,对光敏电阻 R_w 而言,当光线较强时,$R_w < 2\ k\Omega$,此时第一个与非门的一个输入端为低电平,所以第一个与非门的输出端 A 为高电平,第二个与非门的输出端 B 为低电平,第三个与非门的输出端 C 为高电平,第四个与非门的输出端 D 为低电平。因此,晶闸管的控制极为低电平,灯为熄灭状态。当光线较弱时,$R_w > 2\ k\Omega$,此时第一个与非门的一个输入端为高电平,第一个与非门的输出就取决于另外一个输入端,而这个输入端的电平状态由噪声传感器来决定(当没有声音时,输入为低电平;当有声音时,输入为高电平)。当没有声音时,第一个与非门的输出端 A 为高电平,第二个与非门的输出端 B 为低电平,第三个与非门的输出端 C 为高电平,第四个与非门的输出端 D 为低电平,此时晶闸管控制端为低电平,因此,灯为熄灭状态;当有声音时,第一个与非门的输出端 A 为低电平,第二个与非门的输出端 B 为高电平,第三个与非门的输出端 C 为低电平,第四个与非门的输出端 D 为高电平,此时晶闸管控制端为高电平,因此,灯为点亮状态。其中 ABCD 为四个与非门从上至下,从右至左的输出端的排列顺序。

3. 声音信号输入电路

噪声传感器(CZN - 15E)没有接收到声音信号的时候,三极管 T 的基极为高电平,可以驱使三极管工作在饱和区,三极管饱和压降低,导致第一个与非门的一个输入端为低电平;当噪声传感器接收到声音信号的时候,导致三极管基极电位几乎为零,三极管工作在截止状态,C—E 不通,因此,第一个与非门的另一个输入端为高电平。电路图如图 6-4-4所示。

4. 延时控制电路

当在弱光条件且有声音的时候,第一个与非门的输出端 A 为低电平,第二个与非门的输出端 B 为高电平,第三个与非门的输出端 C 为低电平,第四个与非门的输出端 D 为高电平,灯被点亮。当声音消失后,由于 C_2 和 R_7 的存在,使第三个与非门的输出端 C 维持在低电平直到 C_2 放电结束,在此过程中,灯将会一直保持在亮的状态直至放电结束。电路图如图 6-4-5 所示。

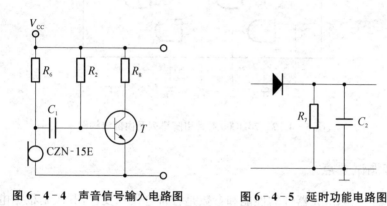

图 6-4-4　声音信号输入电路图　　　　图 6-4-5　延时功能电路图

6.4.4　声控灯电路设计原理图

声控灯电路设计原理图如图 6-4-6 所示。

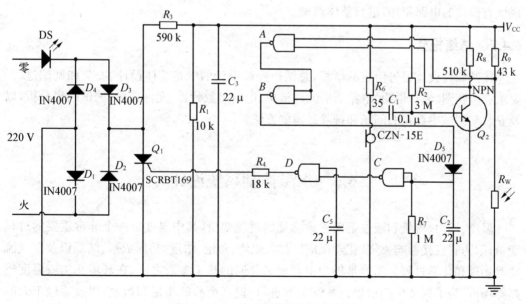

图 6-4-6　声控灯电路设计原理图

6.4.5　知识拓展

与非门可采用集成芯片 74HC00 来代替。74HC00 的引脚排列及内部结构如图 6-4-7 所示。

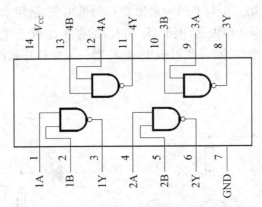

图 6-4-7　74HC00 芯片引脚排列及内部结构图

6.4.6　安装调试要点

首先要检查和测试元器件的性能和参数是否符合设计要求,其次是根据电路原理图进行元器件的布局,然后进行布线(此部分也可先用 Protel 软件画出原理图,再画好 PCB 文件进行 PCB 板的制作),最后进行焊接。一般来说,焊接应该按系统的模块进行,即每焊接完一个功能模块的所有元器件后,要对这一模块进行检查调试,检查各单元电路的功能和主要指标是否达到设计要求,没有问题后再继续进行后面模块的焊接工作。最后,完成所有模块的电路制作,进行整体调试。

6.4.7　总结报告

按照课程设计报告给定的模板,总结声控灯设计的电路整体设计、安装和调试过程。要求有电路图、原理说明、电路所需元件清单、电路参数计算、元件选择、测试结果分析,以及安装与调试中存在的问题和排除故障的方法。

6.5　水温控制系统设计

温度、压力、流量和液位是四种最常见的过程变量,其中温度是一个非常重要的过程变量,因为它直接影响燃烧、化学反应、发酵、烘烤、蒸馏、浓度、挤压成形、结晶以及空气流动等物理和化学过程。温度是极为重要而又普遍的热工参数之一,在环境恶劣或温度较高等场所,为了保证生产过程正常安全的进行,提高产品的质量和数量,以及减轻工人的劳动强度和节约能源,及时准确地得到温度信息并对其进行适时的控制,在许多工业场合中都是重要的环节。一个典型的水温检测、控制型应用系统,它要求系统完成从水温检测、信号处理、输入、运算到输出控制电炉加热以实现水温控制的全过程。

6.5.1　设计任务及要求

1. 设计目的

(1) 掌握水温控制系统电路的设计、组装与调试方法。

(2) 加深对模拟电子技术相关知识的理解及应用。

2. 设计任务

设计一个可以控制水温的控制系统。

3. 设计要求

(1) 基本要求

① 输入电压范围 AC 100 V～250 V；

② 测量和控制温度范围为 5 ℃～80 ℃；

③ 加热功率 1 500 W，控制精度为±1 ℃。

(2) 提升要求

尽可能使用集成芯片来完成控制系统的设计。

6.5.2　水温控制系统框图

温度控制系统一般由温度传感器、放大器、比较器、执行机构、加热部分和被控对象组成，如图 6-5-1 所示。

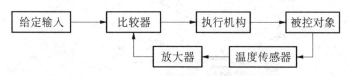

图 6-5-1　水温控制系统基本框图

水温控制系统工作时，需要温度传感器将检测的水温非电信号转换为电信号，转换来的电信号经过放大器进行放大，然后送到比较器，与之前设定好的温度值进行比较。当温度过低时，继电器使开关闭合，进行加热，同时蜂鸣器鸣叫。

6.5.3　各模块工作原理与相关知识

1. 直流电源电路

直流稳压电源的电路组成原理图如图 6-5-2 所示。

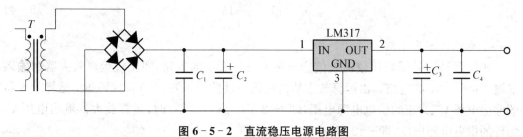

图 6-5-2　直流稳压电源电路图

这是一个用 LM317 集成稳压器输出的稳压电路,输出电压在 1 V~15 V 之间连续可调。

2. 温度传感器

温度控制系统中,需要将温度这一非电量转换为电压量进行处理,因此,需要温度传感器。温度传感器的输出电压与摄氏温度之间呈线性关系,比如 LM35 这一型号的温度传感器,其转换关系为:

$$V_{\text{out}} = 10 \text{ mV/℃} \times T \text{ ℃} \tag{6-5-1}$$

常温下,LM35 不需要额外的校准处理即可达到±0.25 ℃的准确率,精度较高。其供电模式有单电源与双电源两种,双电源模式即正负电源同时供电,可提供负温度的测量。在静止温度总自热效应低(0.08 ℃),单电源模式在 25 ℃下静止电流约 50 μA,工作电压较宽,可在 6~20 V 的供电电压范围内正常工作;工作在 6~30 V 电压范围内时,芯片从电源吸收的电流几乎是不变的(约 50 μA),非常省电,且无散热问题,精度很高。

3. 放大器电路

此处的放大器结构采用同相比例放大电路,这样可以使输出电压为正值,考虑到控制的温度最高达 80 ℃,所以取放大器的放大倍数为 10 倍(即温度缩小 10 倍)。同相比例放大电路的电路组成如图 6-5-3 所示。

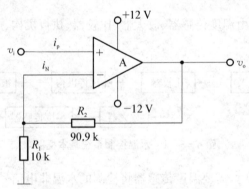

图 6-5-3　同相比例放大电路图

根据同相比例放大电路"虚短"和"虚断"的原理,可知:

$$i_P = i_N = 0 \tag{6-5-2}$$

$$\frac{v_i}{R_1} = \frac{v_o - v_i}{R_2} \tag{6-5-3}$$

$$v_o = \left(1 + \frac{R_2}{R_1}\right) v_i \tag{6-5-4}$$

4. 电压比较器电路

比较器是一种用来比较输入信号与参考信号大小的电路,即比较运算放大器两输入端输入信号大小的电路。由运算放大器的传输特性曲线可知,当 $V_P > V_N$ 时,运算放大器的输出电压 V_o 为正的供电电源电压,即+12 V;当 $V_P < V_N$ 时,运算放大器输出电压 V_o 为负的供电电源电压,即-12 V。

由图 6-5-4 电压比较器电路可知,放大器的输出信号和输入信号 V_i 与滑动变阻器的位置有关。

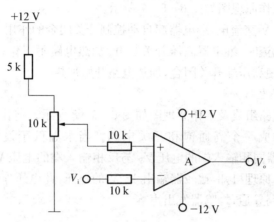

图 6-5-4　比较比较器电路图

5. 继电器电路

继电器一种能够以低压控制高压的器件,其内部结构组成及工作原理图如图 6-5-5 所示。当低压电源开关接通后,电磁铁由于电流产生磁性,吸住磁铁使高压电源的开关接通,实现了低压控制高压的目的。

在电路中要实现低压电源端的开关自动打开和闭合,需要用二极管来代替自动开关的作用,使电路接通或断开。继电器模块的工作电路图如图 6-5-6 所示。电路的输入信号为比较器模块的输出电压,当此电压值为 +12 V 时,发光二极管导通;当此电压为 -12 V 时,发光二极管截止。三极管可将小信号进行放大,驱动继电器。因为发光二极管的导通电流比三极管导通时基极电流大很多,因此,在发光二极管的阴极接一个电阻,与三极管基极电阻并联在一起,使三极管安全地工作。继电器旁并联的二极管可以保护继电器中电流反向流动时不会被烧毁。

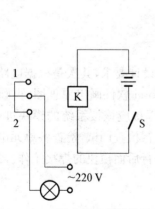

图 6-5-5　继电器内部结构组成
及工作原理图

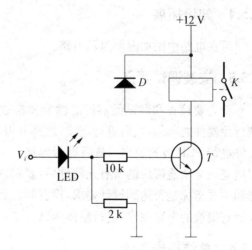

图 6-5-6　继电器工作电路图

6. 加热电路

电阻丝是加热器串联电路的常用元件,加热电路中需串联保险丝以防止电流过大发生危险。加热电路工作原理图如图 6-5-7 所示。

输入端可接 220 V 交流电,继电器起自动控制开关闭合的作用。

当继电器中无电流时,继电器高压开关打开,加热电路不工作;当有一定的电流通过时,继电器产生磁性使高压端开关闭合,加热电路开始加热。

7. 温度过低报警电路

温度过低报警电路组成及工作原理图如图 6-5-8 所示。将比较器的输出信号加在此电路的输入端,构成一个高通饱和开关电路。当水温低于设定的电压值时,即图 6-5-3 中运算放大器同相输入端的电压 V_P 与反相输入端的电压 V_N 满足 $V_P > V_N$ 时,由运算放大器的工作原理可知,比较器输出 12 V 的电压,此电压作用于图 6-5-8 中的输入端,使得开关电路导通,蜂鸣器发出声响。

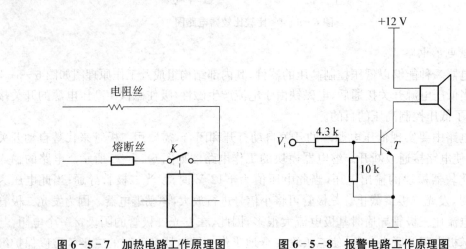

图 6-5-7 加热电路工作原理图   图 6-5-8 报警电路工作原理图

6.5.4 知识拓展

可在电路中添加温度显示电路。

6.5.5 安装调试要点

首先要检查和测试元器件的性能和参数是否符合设计要求,其次是根据电路原理图进行元器件的布局,然后进行布线(此部分也可先用 Protel 软件画出原理图,再画好 PCB 文件进行 PCB 板的制作),最后进行焊接。一般来说,焊接应该按系统的模块进行,即每焊接完一个功能模块的所有元器件后,要对这一模块进行检查调试,检查各单元电路的功能和主要指标是否达到设计要求,没有问题后再继续进行后面模块的焊接工作。最后,完成所有模块的电路制作,进行整体调试。

6.5.6 总结报告

按照课程设计报告给定的模板,总结水温控制系统的电路整体设计、安装和调试过程。要求有电路图、原理说明、电路所需元件清单、电路参数计算、元件选择、测试结果分析，以及安装与调试中存在的问题和排除故障的方法。

6.6　光电报警系统设计

报警器的应用非常广泛。在汽车、摩托车报警器、仓库大门以及家庭保安系统中，报警器电路的应用非常广泛。随着社会科学技术的迅速发展，人们对报警器的性能提出了越来越高的要求。传统的报警器通常采用触摸式、开关报警器等。这类报警器具有性能稳定、实用性强等特点，但是也具有应用范围窄等缺点，而且安全性能也不是很好，光电报警就很好地改善了这点。如今，光电报警器也已经广泛应用到工农业生产、自动化仪表、医疗电子设备等领域。

6.6.1　设计任务及要求

1. 设计目的
(1) 熟悉光电报警系统的组成原理。
(2) 掌握光电报警电路的设计方法。
(3) 了解一般光敏元件、发声元件的特性。
(4) 加深对模拟电子技术相关知识的理解及应用。
2. 设计任务
设计一个光电报警系统。
3. 设计要求
(1) 基本要求
在电源电压为+6 V 的条件下，当有光照时，蜂鸣器发出报警信号，无光照时不发出报警信号。
(2) 提升要求
增加烟雾报警功能。

6.6.2　光电报警系统框图

光电报警器采用光敏器件来检测受控区域内的光照状态，当状态改变时，光敏器件的参数随之发生变化，检测、控制电路动作，促使发声器发出声音，达到提醒、报警的作用。光电报警器由光源、光源检测模块、报警控制模块和发声显示模块组成。光电报警电路的系统组成框图如图 6-6-1 所示。

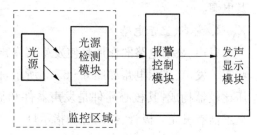

图 6-6-1　光电报警电路系统框图

6.6.3 各模块工作原理与相关知识

1. 光源电路

光源是检测模块的检测对象,代表监护区域的状态,用有光和无光表示正常和报警两种不同的状态。根据监护区域和检测模块中光敏器件的性质,可采用自然光源和电光源。光源电路如图 6-6-2 所示。

2. 光源检测电路

光源检测电路由光敏器件及相应的电路构成,用来检测光源的"有"或者"无"。模块的输出用高、低电平表示光源的两种不同状态,输出到后面的电路。光源检测电路如图 6-6-3 所示。

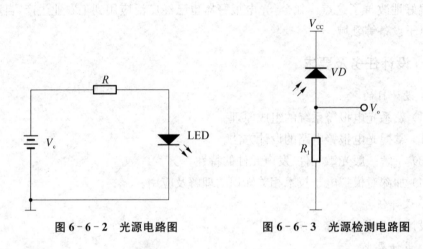

图 6-6-2 光源电路图   图 6-6-3 光源检测电路图

3. 报警控制电路

报警控制电路用于将光源检测模块的输出信号变换为对发声、显示电路的控制信号。光源检测电路的输出由于输出功率较小不适宜直接控制发声、显示电路。控制电路要求输入阻抗高,不影响检测模块的输出;同时控制电路要有一定的输出功率,能有效控制发声、显示电路。

控制电路如图 6-6-4 所示,由集成运放、电压比较器等组成,也可由分立元件组成。控制方式视被控对象的特性而定,如果控制对象为小功率的发声、显示电路,可直接控制其电源。

4. 发声、显示电路

发声、显示电路的作用是使发生器发声、显示器显示,从而显示出监视区域内的异常状态。发声、显示电路如图 6-6-5 所示,由分立电路或数字电路组成,也可由运放或电压比较器构成,其核心元件是发声器件和显示器件。发声器件有扬声器、蜂鸣器和电铃;显示器有发光二极管、数码管和指示灯。

6.6.4 光电报警系统电路设计原理图

光电报警系统电路设计原理图如图 6-6-6 所示。

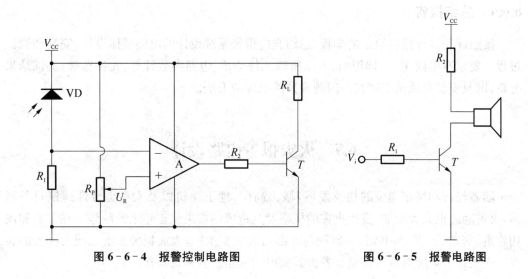

图 6 - 6 - 4　报警控制电路图　　　　　　　　　图 6 - 6 - 5　报警电路图

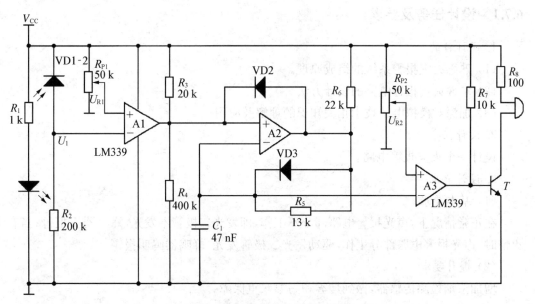

图 6 - 6 - 6　光电报警系统电路设计原理图

6.6.5　安装调试要点

首先检查和测试元器件的性能和参数是否符合设计要求,其次是根据电路原理图进行元器件的布局,然后进行布线(此部分也可先用 Protel 软件画出原理图,再画好 PCB 文件进行 PCB 板的制作),最后进行焊接。一般来说,焊接应该按系统的模块进行,即每焊接完一个功能模块的所有元器件后,要对这一模块进行检查调试,检查各单元电路的功能和主要指标是否达到设计要求,没有问题后再继续进行后面模块的焊接工作。最后,完成所有模块的电路制作,进行整体调试。

6.6.6　总结报告

按照课程设计报告给定的模板,总结光电报警系统设计的电路整体设计、安装和调试过程。要求有电路图、原理说明、电路所需元件清单、电路参数计算、元件选择、测试结果分析,以及安装与调试中存在的问题和排除故障的方法。

6.7　火灾报警电路设计

随着经济和城市建设的快速发展,城市高层、地下建筑以及大型综合性建筑日益增多,火灾隐患也大大增加,发生火灾的概率及其造成的损失呈逐年上升趋势。在工业和民用建筑、宾馆、酒店、图书馆、科研和商业部门及大型工厂,火灾报警系统已成为必备的装置。火灾报警系统对现代建筑起着极其重要的安全预警和保障作用。

6.7.1　设计任务及要求

1. 设计目的
(1) 熟悉火灾报警系统的组成原理。
(2) 掌握火灾报警电路的设计方法。
(3) 加深对模拟电子技术相关知识的理解及应用。

2. 设计任务
设计一个火灾报警电路。

3. 设计要求
(1) 基本要求
在正常情况下,声光报警电路部分不工作,即发光二极管不发光,蜂鸣器不报警;当有火情时,声光报警电路部分工作,驱动发光二极管发光,蜂鸣器鸣叫报警。
(2) 提升要求
增加浓烟检测传感器,做到烟雾和高温双重保障。

6.7.2　火灾报警系统结构框图

火灾报警电路主要由惠更斯电桥、差分放大电路、单门限电压比较器、声光报警电路组成,其结构框图如图6-7-1所示。
通过惠更斯电桥电路的热敏电阻,采集温度变化信号,使之转变为电信号。电信号传

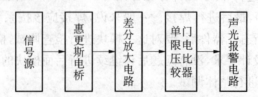

图6-7-1　火灾报警系统结构框图

送至差分放大电路构成的比例运算放大器,由电阻引入负反馈,构成了差分比例运算电路。将放大的信号传送给单门限电压比较电路,输出的电压与单门限电压比较器的阈值电压进行比较,比较的结果为矩形波,然后将矩形波作用于声光报警电路。

6.7.3 各模块工作原理与相关知识

1. 直流稳压电路

直流稳压电源是火灾报警电路的一部分,只有供电电源稳定,电路才能可靠地工作。直流稳压电源由变压器、整流桥、滤波和稳压等几部分组成,如图 6-7-2 所示。

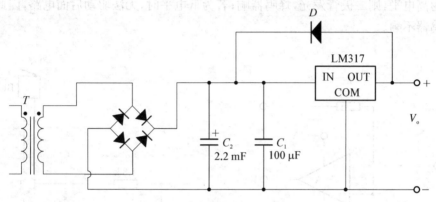

图 6-7-2　直流稳压电路图

2. 惠更斯电桥电路

热敏电阻随温度的升高,电阻逐渐减小,通过热敏电阻随温度变化而引起其阻值相应的变化,将非电量信号转换为电信号。惠更斯电桥电路如图 6-7-3 所示,R_2 即为热敏电阻,采集温度变化信号,使之转变为电信号。

3. 差分放大电路

发生火灾时,温度经过热敏电阻 R_2 与电阻 R_1 的作用,将电信号传送给运算放大器,运算放大器将电压信号进行放大。差分放大电路如图 6-7-4 所示。

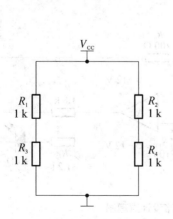

图 6-7-3　惠更斯电桥电路图

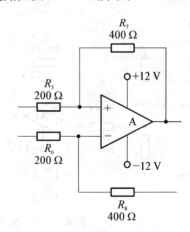

图 6-7-4　差分放大电路图

4. 单门限电压比较电路

单门限电压比较电路如图 6 - 7 - 5 所示，单门限电压比较器是将从差分放大电路输出的电压与阈值电压进行比较，当差分放大电路输出的电压大于阈值电压时，电压比较器输出高电平，输出的高电平作用于后面的声光报警电路，驱动报警电路；当差分放大电路输出的电压小于阈值电压，则电压比较器输出低电平，无法驱动后面的声光报警电路，因此无动作，不会报警。

5. 声光报警电路

声光报警电路如图 6 - 7 - 6 所示，当电压比较器输出的电压作用于二极管与三极管时，若为高电平，则二极管发光，蜂鸣器响；若为低电平时，无法驱动后面电路，因此，不发光，蜂鸣器不响。

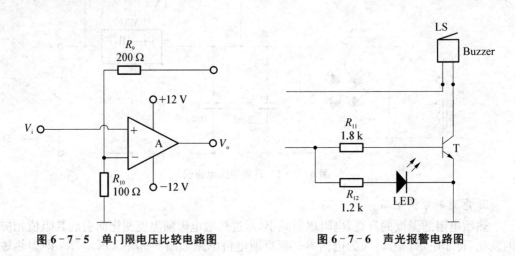

图 6 - 7 - 5　单门限电压比较电路图　　　　图 6 - 7 - 6　声光报警电路图

6.7.4　火灾报警电路设计原理图

火灾报警电路原理图如图 6 - 7 - 7 所示。

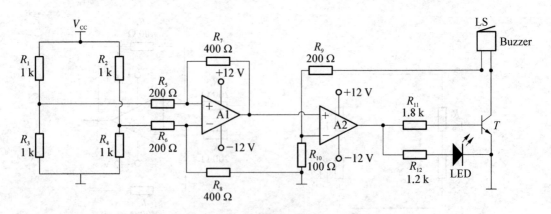

图 6 - 7 - 7　火灾报警电路设计原理图

6.7.5　安装调试要点

首先检查和测试元器件的性能和参数是否符合设计要求，其次是根据电路原理图进行元器件的布局，然后进行布线（此部分也可先用 Protel 软件画出原理图，再画好 PCB 文件进行 PCB 板的制作），最后进行焊接。一般来说，焊接应该按系统的模块进行，即每焊接完一个功能模块的所有元器件后，要对这一模块进行检查调试，检查各单元电路的功能和主要指标是否达到设计要求，没有问题后再继续进行后面模块的焊接工作。最后，完成所有模块的电路制作，进行整体调试。

6.7.6　总结报告

按照课程设计报告给定的模板，总结火灾报警系统设计的电路整体设计、安装和调试过程。要求有电路图、原理说明、电路所需元件清单、电路参数计算、元件选择、测试结果分析，以及安装与调试中存在的问题和排除故障的方法。

第 7 章　数字电子技术课程设计项目

7.1　数字钟设计

　　随着数字电子技术的迅速发展,使集成电路在数字系统、控制系统、信号处理系统等领域得到了广泛的应用。为了适应现代电子技术数字化和集成化迅速发展需要,开展数字电路综合设计与数字钟制作,可以更好地了解数字时钟系统的工作原理。

　　数字时钟系统是一种用数字电子技术实现时、分、秒计时的装置。与机械式时钟相比,具有更高的准确性和直观性,且无接卸装置,具有更长的使用寿命,在医院、高校、作战实验室、研究所和广场等场所已得到了广泛的使用。

7.1.1　设计任务及要求

　　1. 设计目的

　　(1) 掌握数字时钟控制电路的设计、组装与调试方法;

　　(2) 熟悉数字集成电路的设计和使用方法。

　　2. 设计任务

　　设计一个具有时、分、秒显示的数字时钟。

　　3. 设计要求

　　(1) 基本要求

　　① 准确计时,用数码管显示小时、分钟和秒;

　　② 带有时间校正功能;

　　③ 带有"闹钟"功能。

　　(2) 提升要求

　　增加显示星期功能,即星期一、星期二……。

7.1.2　数字时钟设计系统框图

　　数字时钟是一种用数字集成电路构成的,用数码管显示的现代化计数器,主要由振荡

器、分频器、校时电路、计数器、译码显示器以及电源电路构成。其电路结构框图如图
7-1-1 所示。

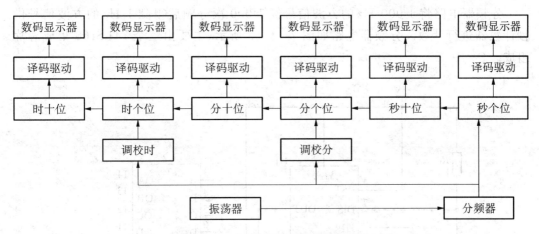

图 7-1-1 数字钟电路结构框图

数字时钟由不同进制的计数器、译码器和显示电路构成计时系统。将标准秒信号送
入采用六十进制的"秒计数器",每累计 60 s 就发出一个"分脉冲"信号,该信号将作为"分
计数器"的时钟脉冲。"分计数器"也采用六十进制计数器,每累计 60 min,发出一个"时脉
冲"信号,该信号将被送到"时计数器"。"时计数器"采用二十四进制计数。译码显示电路
将"时"、"分"、"秒"计数器的输出状态通过六位七段译码显示器显示出来,可进行整点报
时,计时出现误差时,可以用校时电路校时、校分。

7.1.3　各模块工作原理与相关知识

1. 振荡器电路

采用 555 集成芯片与 RC 组成多谐振荡器,经过调整输出 1 000 Hz 脉冲。脉冲产生
电路如图 7-1-2 所示。

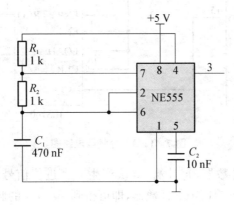

图 7-1-2　脉冲产生电路

555 定时器构成多谐振荡器的频率为:

$$f = 1/0.7(R_1 + 2R_2)C_1 \approx 1 \text{ kHz} \tag{7-1-1}$$

2. 分频器电路

分频器电路将 1 000 Hz 的方波信号经 1 000 次分频后得到 1 Hz 的方波信号供秒计数器进行计数。分频器电路如图 7-1-3 所示,主要由三个 74LS160 集成芯片组成。

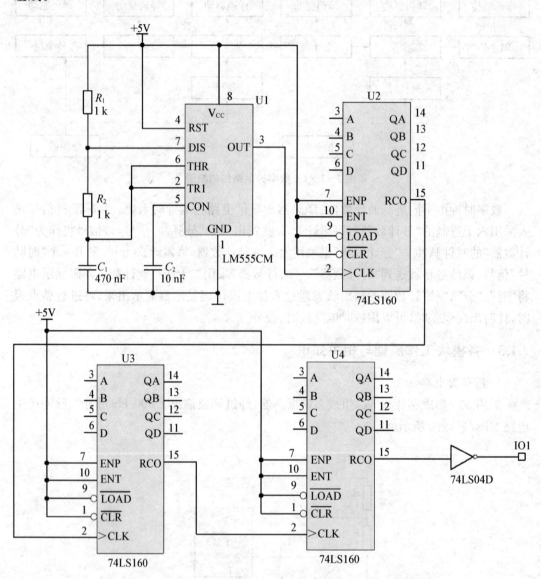

图 7-1-3　分频器电路图

74LS160 是十进制计数器,每计满 10 次产生一个进位信号。由多谐振荡器输出的 1 kHz 脉冲信号经过一个 74LS160 计数器,即可得到 100 Hz 的脉冲信号,100 Hz 的脉冲信号再经过一个 74LS160 便可得到 10 Hz 的脉冲信号,10 Hz 的脉冲信号再经过一个 74LS160 便可得到 1Hz 的脉冲信号。

3. 时间计数器电路

时间计数电路由秒个位和秒十位计数器、分个位和分十位计数器及时个位和时十位计数器电路构成,其中秒个位和秒十位计数器、分个位和分十位计数器为 60 进制计数器,时个位和时十位计数器为 24 进制计数器。

4. 六十进制计数器

秒计数器和分计数器各由一个十进制计数器(个位)和一个六进制计数器(十位)串接组成,形成两个六十进制计数器。其中个位计数器接成十进制形式,十位计数器接成六进制计数形式(选择 QB、QC 端做反馈端,经与非门输出至控制清零端 CLR)。个位与十位计数器之间采用同步级联复位方式,将个位计数器的进位输出端 RCO 接至十位计数器的时钟信号输入端 CLK,完成个位对十位计数器的进位控制。将十位计数器的反馈清零信号经与非门输出,作为六十进制的进位输出脉冲信号,即当计数器计数至 60 时,反馈清零的低电平信号输入 CLR 端,同时经与非门变为高电平,在同步级联方式下,控制高位计数器的计数。六十进制计数器的电路图如图 7 - 1 - 4 所示。

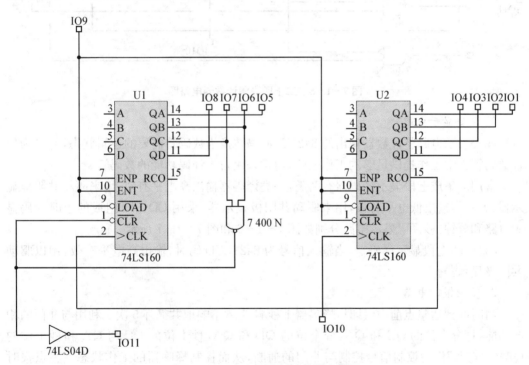

图 7 - 1 - 4　六十进制计数器电路图

5. 二十四进制计数电路

时计数器需要的是一个二十四进制计数电路。个位和十位计数器均连接成十进制计数形式,采用同步级联复位方式。将个位计数器进位输出端 RCO 接至十位计数器的时钟信号输入端 CLK,完成个位对十位计数器的进位控制。十位计数器的输出端 QB 和个位计数器的输出端 QC 通过与非门控制两片计数器的清零端 CLR,当计数器的输出状态为 00100100 时,立即反馈清零,从而实现二十四进制计数。二十四进制计数器的电路如图 7 - 1 - 5 所示。

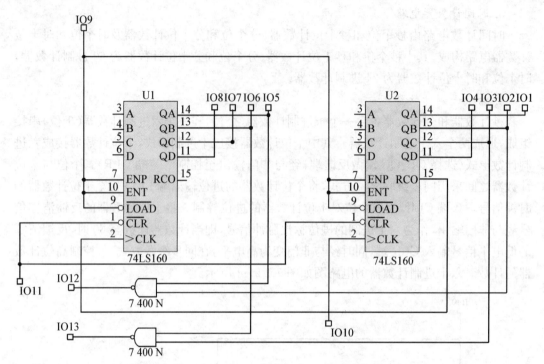

图 7-1-5　二十四进制计数器电路图

6. 译码显示电路

译码显示电路将计数器输出的 8421BCD 码转换为数码管需要的逻辑状态,并且为保证数码管正常工作提供足够的工作电流,通常采用自带译码功能的数码管。

常用的集成七段显示译码器有两类,一类译码器输出高电平有效,用来驱动共阴极显示器;另一类输出低电平有效,用来驱动共阳极显示器,采用 CD4511 组成的小时译码显示电路和分钟/秒译码显示电路分别如图 7-1-6 和图 7-1-7 所示。

CD4511 七段显示译码器,当输入信号为 8421BCD 码时,输出高电平有效,用以驱动共阴极显示器。

7. 整点报时电路

当时间到达整点前 10 秒时,蜂鸣器 1 秒响,1 秒不响地共循环 5 次。利用与非门的相与功能,把分十位的 QC 和 QA,分个位的 QD 和 QA,秒十位的 QC 与 QA 和秒个位的 QA 相"与非"作为控制信号控制与非门的通断,从而控制蜂鸣器的工作状态。整点报时电路图如图 7-1-8 所示。

8. 校时电路

由于数字钟的初始时间不一定是标准时间,而且在数字钟的运行过程中可能出现误差,所以需要校时电路来对"时"、"分"显示数字进行调整。

校对时间一般在选定的标准时间到来之前进行,分 4 步完成:首先把时计数器置到所需的数字;然后再将分计数器置到所需的数字;与此同时或之后将秒计数器清零,时钟暂停计数,处于等待启动阶段;当选定的标准时刻到达的瞬间,按启动按钮,电路则从所预置时间开始计数。由此可知,校时、校分电路应具有预置小时、预置分、等待启动、计时 4 个

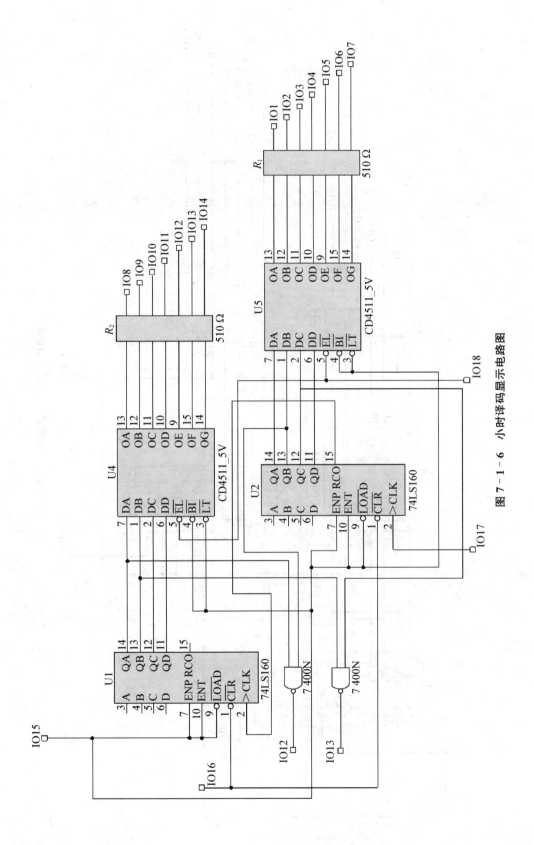

图 7－1－6 小时译码显示电路图

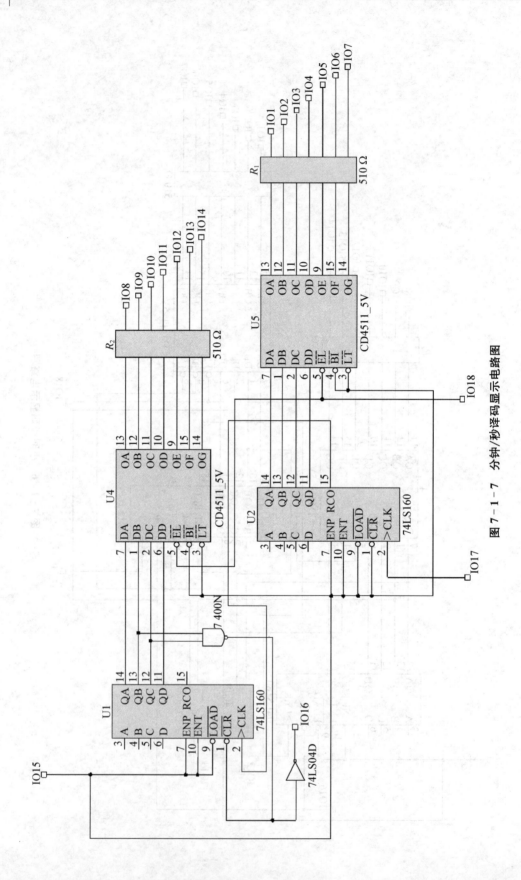

图 7 - 1 - 7 分钟/秒译码显示电路图

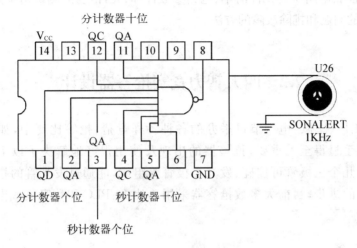

图 7 - 1 - 8　整点报时电路图

阶段。

采用逻辑门电路进行校时。当 $Q=1$ 时,输入的预置信号可以传到时计数器的 CLK 端,进行校时工作,而分进位的进位信号被封锁。当 $Q=0$ 时,分进位信号可以传到时计数器的 CLK 端,进行计时工作,而输入的预置信号分进位信号被封锁。校时电路如图 7 - 1 - 9 所示。

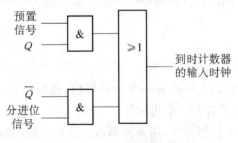

图 7 - 1 - 9　校时电路图

7.1.4　安装调试要点

认真检查电路是否正确,注意器件管脚的连接,"悬空端"、"清零端"、"置 1 端"、电源、接地需要正确处理。

检测所有电阻、电容和发光二极管,检测 555、74LS160 和 CD4511 集成芯片的逻辑功能。用示波器检测振荡器的输出波形,观察是否满足其设计要求。

给整个系统供电,观察显示结果。如果不正常,则从振荡器起逐级检查逻辑功能。

7.1.5　总结报告

按照课程设计报告给定的模板,总结数字钟电路整体设计、安装和调试过程。要求有电路图、原理说明、电路所需元件清单、电路参数计算、元件选择、测试结果分析以及安装与调试中存在的问题和排除故障的方法。

7.2　四人智力竞赛抢答器设计

在学校、工厂、军队、电视节目举办的各种各样竞猜、抢答比赛中，如何快速准确地识别抢答选手显得至关重要，抢答器的出现及使用很好地解决了以上问题。早期的抢答器只由几个三极管可控硅、发光二极管等组成，能通过发光管的指示辨认出选手。随着科技的进步，目前大多数抢答器采用单片机、PLC和数字集成电路来实现抢答功能。

7.2.1　设计任务

1. 设计目的

(1) 掌握四人智力竞赛抢答器电路的设计、组装与调试方法。

(2) 熟悉数字集成电路的设计和使用方法。

2. 设计任务

设计一台可供四名选手参加比赛的智力竞赛抢答器。当主持人说开始时，四人开始抢答，电路能准确判断出四路输入信号中哪一路是最先输入信号，并给出声、光显示，数码管显示选手组号。

3. 设计要求

(1) 基本要求

① 4名选手编号为1、2、3、4，各有一个抢答按钮，按钮的编号与选手的编号对应，也分别为1、2、3、4。每名选手各有一个指示灯。

② 给主持人设置一个控制按钮，用来控制系统清零和抢答的开始。

③ 抢答器具有数据锁存和显示的功能。抢答开始后，若有选手按动抢答按钮，该选手编号立即锁存，对应的指示灯亮，并在抢答显示器上显示该编号，同时扬声器发出声响提示，封锁输入编码电路，禁止其他选手抢答。抢答选手的编号一直保持到主持人将系统清零为止。

(2) 提升要求

制作八路抢答器。

7.2.2　四人智力竞赛抢答器系统框图

四人智力竞赛抢答器系统框图如图7-2-1所示，电路主要由脉冲产生电路、按键电路、锁存电路、编码和译码显示电路和音响电路组成。当有选手按下抢答按键时，首先锁存，阻止其他选手抢答，然后编码，再经七段译码器将数字显示在显示器上，同时发出声响。

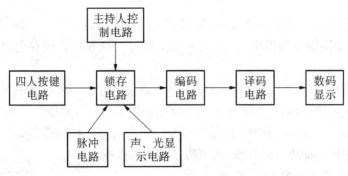

图 7-2-1　智力竞赛抢答器系统框图

7.2.3　各模块工作原理与相关知识

1. 按键电路

图 7-2-2 所示为四人按键电路。当任一按键按下时,相应的按键输出为高电平,否则,为低电平。

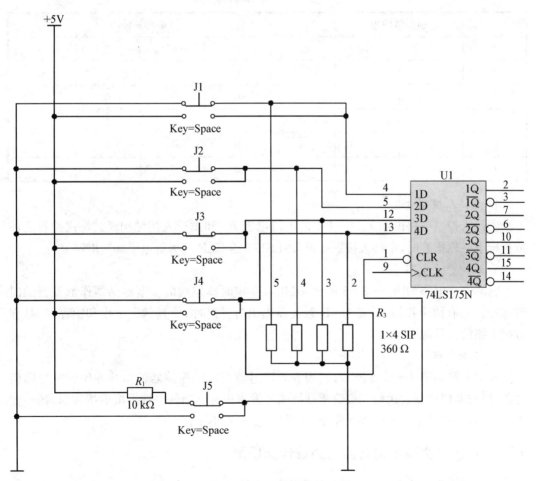

图 7-2-2　按键电路图

2. 锁存电路

抢答信号的判断和锁存采用 4D 触发器 74LS175。当有人按下按键时,触发器 Q 端输出为高电平,$\overline{Q}$ 端输出为低电平,当无人按下按键时则相反。锁存电路如图 7-2-3 所示。

抢答信号的锁存通过 D 触发器 $\overline{Q}$ 输出端与四输入与非门和二输入与非门控制时钟脉冲实现。当无人抢答时,4 个 D 触发器的 $\overline{Q}$ 端输出为"1",脉冲能够进入触发器;有一个人抢答时,对应的 $\overline{Q}$ 端输出为"0",四输入与非门输出为"1",经两级与非门后,使 CLK 端保持为"1",脉冲将不能进入触发器,从而防止其他人抢答。

3. 编码、译码显示电路

编码的作用是把 4D 触发器的输出转化成 8421BCD 码,进而送给七段显示译码器。编码电路由两个与非门构成。

译码显示电路是将编码电路送来的 8421BCD 码译码,进而驱动数码显示器显示抢答选手的编号。编码电路与译码显示电路如图 7-2-4 所示。

锁存器编码真值表见表 7-2-1 所示。

表 7-2-1　锁存器编码真值表

锁存器输出				编码器输出			
Q_4	Q_3	Q_2	Q_1	D	C	B	A
0	0	0	0	0	0	0	0
0	0	0	1	0	0	0	1
0	0	1	0	0	0	1	0
0	1	0	0	0	0	1	1
1	0	0	0	0	1	0	0

4. 主持人控制电路

主持人控制电路由图 7-2-4 中的上拉电阻 R_1 和主持人按键构成。每次抢答之前或进行下一轮抢答时,主持人按下按键,74LS175 的 CLR 端为低电平"0",电路复位。

5. 脉冲产生电路

脉冲产生电路如图 7-2-5 所示,采用 555 定时器组成的多谐振荡器作触发器的时钟脉冲。它有两个作用:一是为 4D 触发器提供时钟脉冲,使其触发工作和锁存;二是作音响电路的信号源。

6. 音响电路

音响电路如图 7-2-6 所示,利用 555 定时器组成的振荡器输出脉冲作音响电路信号源,经与非门控制后送给三极管驱动蜂鸣器发出声音。当任一选手按下按键时,扬声器发出蜂鸣声,直到主持人清零才停止;清零后,扬声器不工作。

7.2.4　四人智力竞赛抢答器电路设计原理图

四人智力竞赛抢答器电路设计原理图如图 7-2-7 所示。

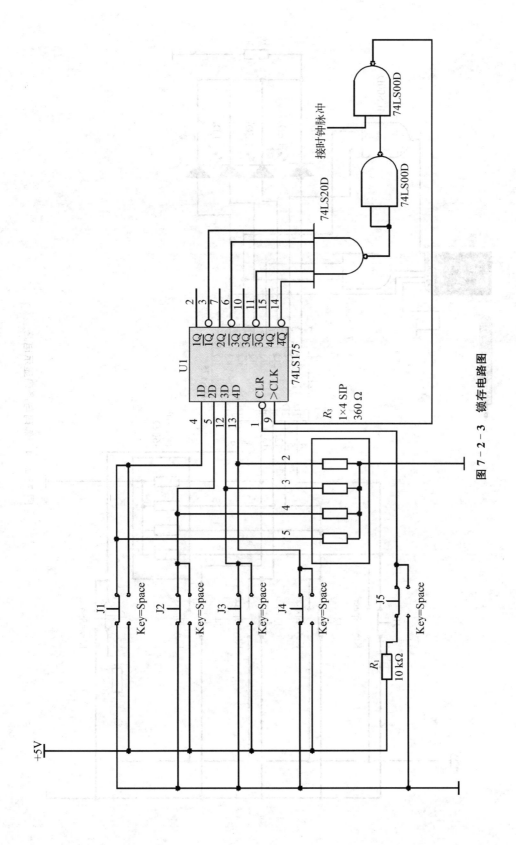

图 7 - 2 - 3 锁存电路图

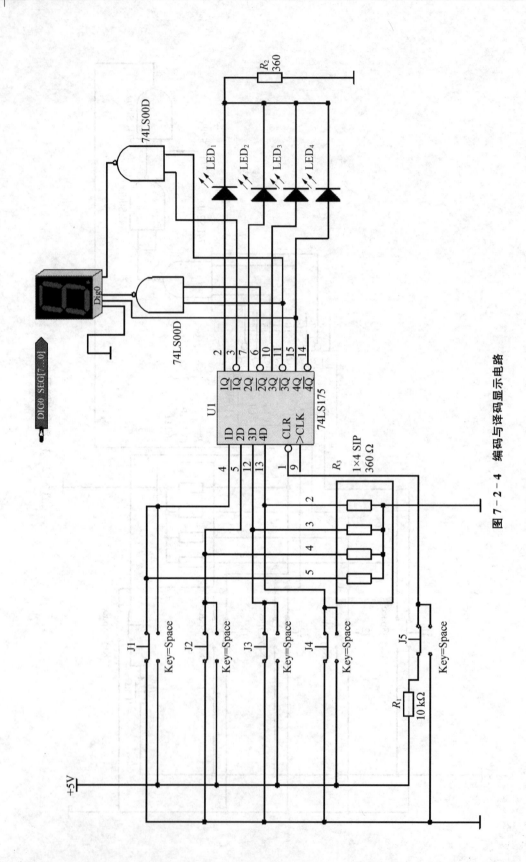

图 7 - 2 - 4 编码与译码显示电路

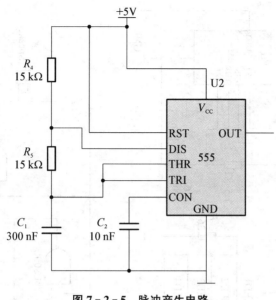

图 7-2-5　脉冲产生电路

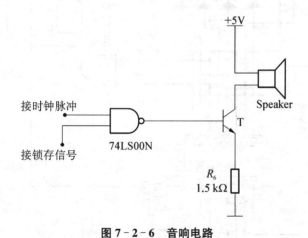

图 7-2-6　音响电路

7.2.5　知识拓展

八路抢答器可选用 CD4511 芯片。CD4511 是一块含 BCD-7 段锁存/译码/驱动电路于一体的集成电路。

7.2.6　安装调试要点

接通电源后,用双踪示波器观察脉冲电路的输出波形,看其是否满足设计要求。首先,主持人给出开始信号,观察数码管显示是否正确。其次,观察选手抢答时锁存器输出是否控制其时钟脉冲的通断,从而判断是否自锁了其他选手的抢答信号。然后,抢答信号到 BCD 码的转化逻辑输出与真值表对照检查,观察设计是否准确。最后,分别检测扬声器接收主持人开始信号和选手抢答信号是否正常。

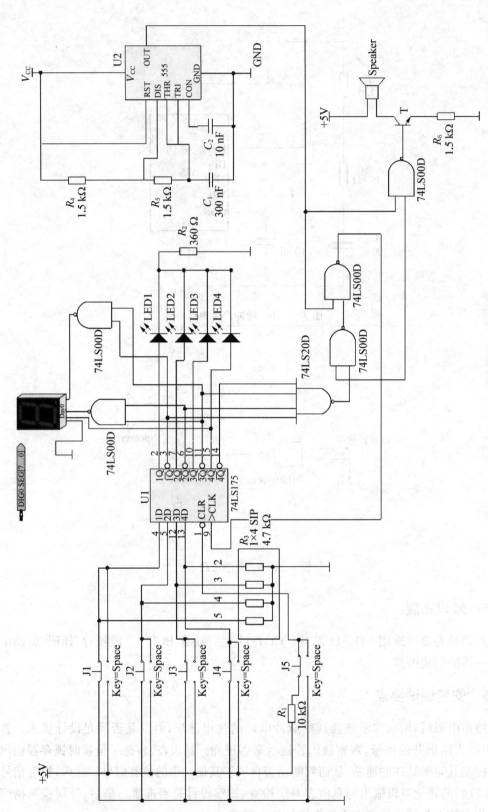

图 7 - 2 - 7 四人智力竞赛抢答器电路设计原理图

7.2.7　总结报告

按照课程设计报告给定的模板,总结四人智力竞赛抢答器电路整体设计、安装和调试过程。要求有电路图、原理说明、电路所需元件清单、电路参数计算、元件选择、测试结果分析,以及安装与调试中存在的问题和排除故障的方法。

7.3　数字秒表设计

数字秒表已经成为日常生活中常用的电子产品,因其价格低廉、计时准确、使用方便而受广大用户的喜爱。数字秒表在体测、竞赛、游戏等领域已得到广泛应用。生活中、电视中都随处可见秒表的用途。

7.3.1　设计任务及要求

1. 设计目的

(1) 掌握数字秒表的设计、组装与调试方法。

(2) 熟悉集成电路的使用方法。

2. 设计任务

设计一个能以两位数显示的数字秒表。

3. 设计要求

(1) 基本要求

① 两位数码显示功能,能够从"0"到"59"依次顺序显示。

② 具有手控记秒、停摆和清零功能。

(2) 提升要求

自动报时,在 56 s 时,自动发出鸣响声,时长 1 s,每隔 1 s 鸣叫一次,前两声是低音,最后一次为高音,最后一响结束后为下一个循环开始。

7.3.2　数字秒表系统框图

数字秒表系统框图如图 7 - 3 - 1 所示,主要由秒信号发生器、秒计数器、控制电路、译码电路及数码显示器 5 部分组成。秒信号发生器产生标准的秒脉冲信号,秒脉冲送入计数器计数,计数结果通过译码电路进行译码,驱动数码显示器显示时间。

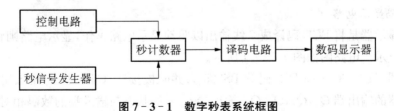

图 7 - 3 - 1　数字秒表系统框图

7.3.3 各模块工作原理与相关知识

1. 秒信号发生电路

由集成芯片 NE555 定时器组成的多谐振荡器作为秒信号发生器,输出频率 $f=1$ Hz 的脉冲信号,R_1,R_2,C_1 为定时元件。由与非门 1,与非门 2 构成基本 RS 触发器;开关 K_1,以及电阻 R_3,R_4 组成控制电路,为 NE555 定时器提供控制信号 A,并能消除开关抖动造成的误差。当开关 K_1 置"1"端时,A 为高电平,振荡器工作;当 K_1 置"0"端时,A 端为低电平,振荡器停振,同时控制秒计数器复零,以备下一次使用时从 0 开始计数。

秒信号发生电路如图 7-3-2 所示。

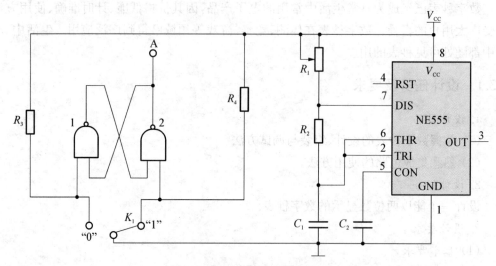

图 7-3-2 秒信号发生电路图

2. 秒计数电路

秒计数器是六十进制计数器,可由两块十进制计数器反馈归零来实现。十进制计数器选用 C180,与非门 3、与非门 4 构成反馈支路,来自控制电路的信号 A 接至与非门 4 的输入端,控制计数器的工作状态。当 A 为高电平时,与非门 4 的状态受与非门 3 控制,计数器按六十进制计数;当 A 为低电平时,与非门 4 输出高电平,计数器清零。

由与非门 5、非门 6 和开关 K_2 组成实现计数器"停摆"功能的控制电路。当 K_2 为高电平时,秒信号输入计数器进行计数;当 K_2 为低电平时,非门 6 被封锁,计数器保持已计数状态。与非门 5 是为保证秒信号的下降沿触发计数器而设置的。秒计数电路图如图 7-3-3 所示。

3. 译码显示电路

译码显示器是将 BCD 码译成 7 线输出以驱动显示电路工作,显示电路则将译码输出信号进行显示。电路图如图 7-3-4 所示。

译码器 CT4003 与 LED 数码管 BS205 为共阴极接法,CT4003 的输入端 A,B,C,D 接秒计数器的输出端 Q_1,Q_2,Q_3,Q_4,输出端 a-g 的状态与输入端的数码相对应,高电平有效。当 a-g 中的某几个信号为高电平时,BS205 的相应段亮,输出低电平时相应段不

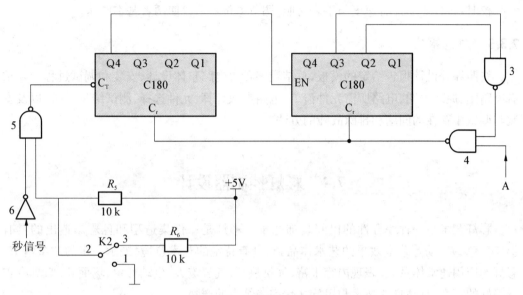

图 7 - 3 - 3　秒计数电路图

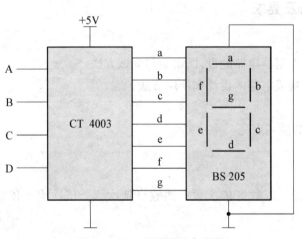

图 7 - 3 - 4　译码显示电路图

亮。电源电压使用 5 V,译码与显示电路直接连接;若电源电压升高,需在 CT4003 输出端与 LED 输入端间接入电阻,其阻值随电压的变化而不同,以保证 LED 数码管流过的电流值为 10～15 mA,避免由于电压过高,使数码管电流过大而损坏。

7.3.4　安装调试要点

秒计数:将开关 K_1 接地,K_2 接高电平,显示器显示六十进制的时间计数数字,数字秒表工作正常;否则存在某些故障,应分别检查各级电路的输入输出状况,直到排除故障为止。

停摆:开关 K_1 不动,将 K_2 接地,计数器停止计数,数码管保持原状态,显示某一数字。

清零:开关 K_1 接高电平,秒信号发生器停止振荡,计数器清零,显示器显示 0。

校时:将秒表的计时速度与手表对照,调节电位器 R_1,使两者基本同速。

7.3.5 总结报告

按照课程设计报告给定的模板,总结数字秒表电路整体设计、安装和调试过程。要求有电路图、原理说明、电路所需元件清单、电路参数计算、元件选择、测试结果分析,以及安装与调试中存在的问题和排除故障的方法。

7.4 彩灯控制器设计

彩灯艺术是一种综合性的民间装饰艺术。彩灯是一件集造型和色彩塑造出的具有形、声、色、光、动等艺术效果的艺术作品,它具有特定的艺术意境,展示一定的故事情节。彩灯的应用通常体量大、表现内容丰富、气氛热烈、气势宏大、生动形象、场面壮观,具有吉祥美好的寓意,是精良的技术与民族文化完美结合的产物。

7.4.1 设计任务及要求

1. 设计目的

(1) 掌握彩灯控制器电路的设计、组装与调试方法;

(2) 熟悉数字集成电路的设计和使用方法。

2. 设计任务

六路 LED 彩灯循环点亮。

3. 设计要求

(1) 基本要求

控制顺序:全亮—奇数灯依次灭—偶数灯依次灭—依次亮—依次灭—全亮—全灭。彩灯点亮时间为 0.5 s。

(2) 提升要求

设计音乐彩灯,即彩灯的亮暗与彩灯亮的个数由音符的高低决定。

7.4.2 彩灯控制器系统框图

彩灯控制器系统框图如图 7-4-1 所示,电路主要由函数信号发生器、计数器、译码器和六路彩灯组成。由函数信号发生器产生脉冲,供给计数器进行计数,计数器的输出作

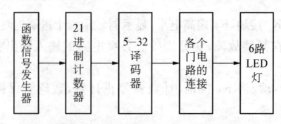

图 7-4-1 彩灯控制器系统框图

为译码器的地址输入,经译码器控制依次点亮各路彩灯。

要实现彩灯的 21 种状态(开始灯全部亮 1 种状态,奇数的灯依次灭 3 种状态,偶数的灯依次灭 3 种状态,然后依次亮 6 种状态,依次灭 6 种状态,然后再全亮 1 种状态,全灭 1 种状态,共 21 种)。此处可以用一个 21 进制的计数器实现,从 0 到 20 种状态来控制这 21 种状态(00000~10110),然后把计数器用译码器译成高低电平。再写出这 21 种状态和计数器数字对应的真值表,计算出逻辑式,用电路实现其彩灯控制功能。

7.4.3 各模块工作原理与相关知识

1. 计数器电路

由以上分析灯的状态可知,共需要 21 种输出状态。因此,选用 2 个 74LS161N 扩展成 21 进制计数器,采用并行进位方式、整体置数。因为计数器需要 21 种状态(00000~10110),所以先用两片 74LS161N 连接成 256(16×16)进制计数器,然后在输出为 10100(20)时,用与非门来控制两计数器的 $\overline{CLR}$ 端清零,同时清零信号可以作为进位信号输出。计数器电路如图 7-4-2 所示。

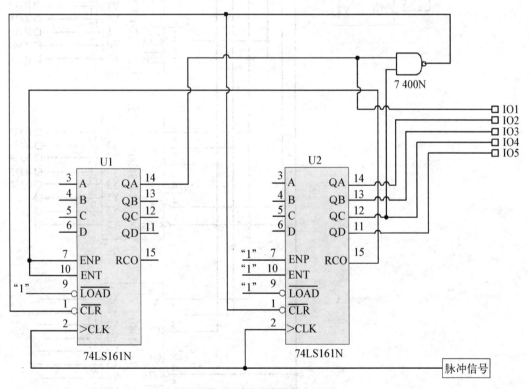

图 7-4-2 计数器电路图

2. 译码器电路

用 5 个 74LS138D 实现 5-32 译码功能,左边的一片 74LS138D 芯片用于控制右边的四个芯片的片选,右边的四片 74LS138D 中的前三个每个都控制八种状态,共二十四种状态,题目要求为二十一种,所以把最后的三种状态都设置为灭灯,即灯全部灭的时间是其他状态的时间的两倍。当接通时,先通过左边的芯片进行右边芯片的选择,然后右边的芯片再进行位移控制终端的状态,实现二十一种状态的循环。5 - 32 译码器电路如图7 - 4 - 3 所示。

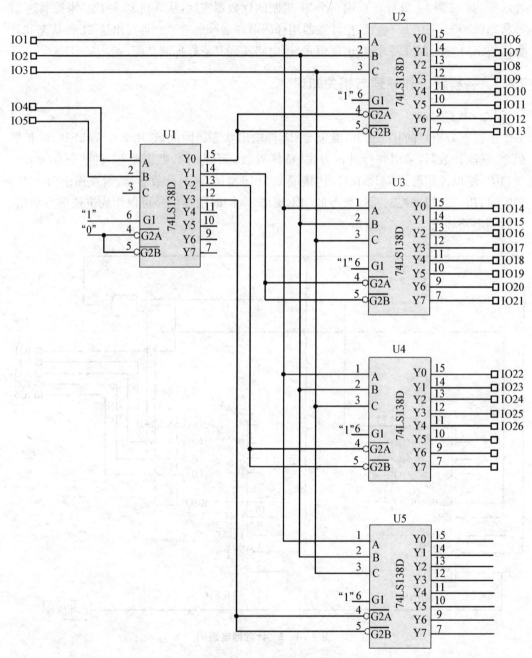

图 7 - 4 - 3　译码器电路图

3. 控制电路

由 21 进制计数器输入一个五位二进制数(00000~10110),输出彩灯所对应的状态(1 表示灯亮,0 表示灯灭),对应的真值表见表 7 - 4 - 1 所示。

表 7 - 4 - 1　控制电路真值表

	L_0	L_1	L_2	L_3	L_4	L_5
0	1	1	1	1	1	1
1	1	0	1	1	1	1
2	1	0	1	0	1	1
3	1	0	1	0	1	0
4	0	0	1	0	1	0
5	0	0	0	0	0	0
6	0	0	0	0	0	0
7	1	0	0	0	0	0
8	1	1	0	0	0	0
9	1	1	1	0	0	0
10	1	1	1	1	0	0
11	1	1	1	1	1	0
12	1	1	1	1	1	1
13	0	1	1	1	1	1
14	0	0	1	1	1	1
15	0	0	0	1	1	1
16	0	0	0	0	0	1
17	0	0	0	0	0	1
18	0	0	0	0	0	0
19	1	1	1	1	1	1
20	0	0	0	0	0	0

由真值表可得到各个 LED 灯的逻辑表达式如下：

L_0 ＝M0＋M1＋M2＋M3＋M7＋M8＋M9＋M10＋M11＋M12＋M19

L_1 ＝M0＋M8＋M9＋M10＋M11＋M12＋M13＋M19

L_2 ＝M0＋M1＋M2＋M3＋M4＋M9＋M10＋M11＋M12＋M13＋M14＋M19

L_3 ＝M0＋M1＋M10＋M11＋M12＋M13＋M14＋M15＋M19

L_4 ＝M0＋M1＋M2＋M3＋M4＋M5＋M11＋M12＋M13＋M14＋M15＋M16＋M19

L_5 ＝M0＋M1＋M2＋M12＋M13＋M14＋M15＋M16＋M17＋M19

7.4.4　安装调试要点

认真检查电路是否正确,注意器件管脚的连接,"悬空端"、"清零端"、"置 1 端"、电源、接地要正确处理。

检测所有电阻、电容和发光二极管,74LS138D 和 74LS161N 的功能是否正常。用示波器检测振荡器的输出波形,观察其是否满足设计要求。

给整个系统供电,观察显示结果。如果不正常,则从振荡器开始逐级检查逻辑功能输出。

7.4.5 总结报告

按照课程设计报告给定的模板,总结彩灯控制器电路整体设计、安装和调试过程。要求有电路图、原理说明、电路所需元件清单、电路参数计算、元件选择、测试结果分析,以及安装与调试中存在的问题和排除故障的方法。

7.5 幸运大转盘设计

在各种娱乐场合、商场购物中心、游乐场等地方,随处可见幸运大转盘的身影。幸运转盘已成为各大商家促销活动的首选,在日常生活中扮演着十分重要的角色。本课程设计的电子幸运大转盘就是以电子自动控制方式预测旋转中的圆盘停止位置的工具。

7.5.1 设计任务及要求

1. 设计目的

(1) 掌握幸运大转盘控制电路的设计、组装与调试方法。

(2) 熟悉数字集成电路的设计和使用方法。

2. 设计任务

设计一个幸运转盘。

3. 设计要求

(1) 基本要求

供电电压 3 V;幸运转盘由 10 个 LED 配置成一个圆圈,当按下按键后,LED 灯轮流顺次发光,流动速度越来越慢,经过一段时间后,最后停止在某一个 LED 上不再移动。

(2) 提升要求

可添加数字屏显示中奖结果。

7.5.2 幸运大转盘系统框图

幸运大转盘由按键、555 集成电路、计数器电路和发光二极管构成。其系统结构框图如图 7-5-1 所示。

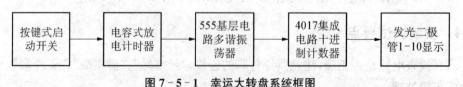

图 7-5-1 幸运大转盘系统框图

7.5.3　各模块工作原理与相关知识

1. 脉冲产生电路

脉冲产生电路由 NE555 及外围元件构成多谐振荡器,电路组成如图 7-5-2 所示。

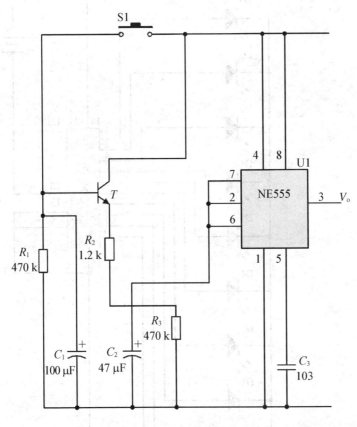

图 7-5-2　NE555 脉冲产生电路图

NE555 集成芯片产生连续的特定频率的方形脉冲。当按下按键时,电容 C_1 会及时充电至电源电压,此电压经晶体管放大后加在 555 的重置端 4 脚上,令其开始振荡,3 脚为方波脉冲输出端。当按键断开后,C_1 经 R_1 放电,电容两端电压缓缓下降,直至晶体管截止,NE555 停止振荡,3 脚无输出脉冲。

2. 计数器电路

CD4017 是一个十进制计数器/脉冲分配器。它的内部由计数器及译码器两部分组成。16 引脚与 8 引脚分别接电源的正负极,14 引脚是时钟脉冲输入端,即接 NE555 芯片的 3 引脚输出端,13 引脚是时钟脉冲控制端,接低电平。15 引脚为置零端,接低电平,12 引脚为进位端,此处悬空处理。计数器电路图如图 7-5-3 所示。

当 14 脚有脉冲信号输入时,CD4017 开始计数,相应的输出端输出高电平时,点亮相对应的 LED 灯。

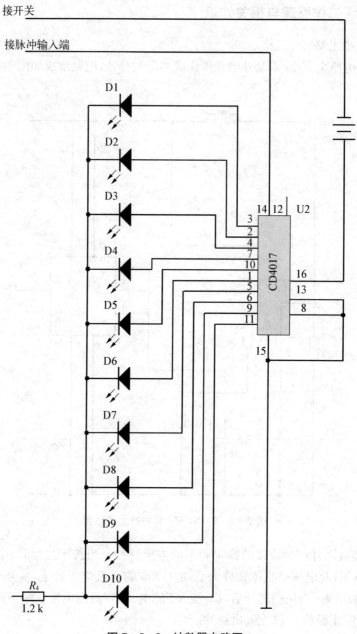

图 7 - 5 - 3　计数器电路图

7.5.4　幸运大转盘电路设计原理图

幸运大转盘电路设计原理如图 7 - 5 - 4 所示。

当按下启动键，电容 C_1 充电，T 导通，NE555 芯片的 3 引脚有脉冲输出，此脉冲接于 CD4017 芯片的脉冲信号输入端 14，计数器开始计数，相应的输出信号为高电平时，点亮相应的 LED 灯。当启动键断开后，C_1 缓慢放电，直至 T 截止，最终定格在某一个 LED 上。电容 C_1 的电容值决定延迟时间，电容 C_2 的电容值决定循环速度。

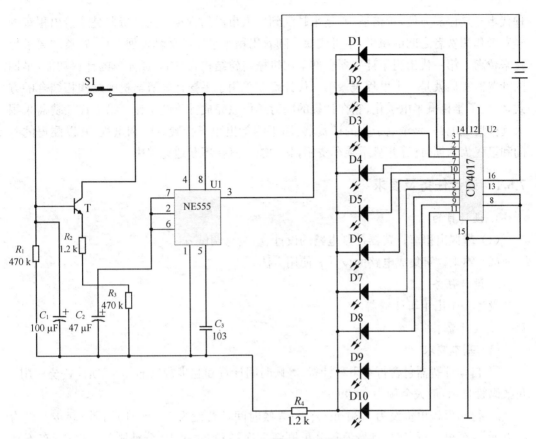

图 7 - 5 - 4 幸运大转盘电路设计原理图

7.5.5 安装调试要点

认真检查电路是否正确,注意器件管脚的连接,"悬空端"、"清零端"、"置 1 端"、电源、接地要正确处理。

检测所有电阻、电容和发光二极管,NE555 和 CD4017 的功能是否正常。用示波器检测振荡器的输出波形,观察其是否满足设计要求。

给整个系统供电,观察显示结果。如果不正常,则从振荡器开始,逐级检查逻辑功能输出。

7.5.6 总结报告

按照课程设计报告给定的模板,总结幸运大转盘电路整体设计、安装和调试过程。要求有电路图、原理说明、电路所需元件清单、电路参数计算、元件选择、测试结果分析,以及安装与调试中存在的问题和排除故障的方法。

7.6 出租车计费器设计

随着社会的发展,人们的物质生活有了很大的提高。在日常的出行中,由于出租车这种代步工具停靠方便、价格适中,越来越受到广大市民的青睐。而计费器是连接出租车的经营者和消费者之间的纽带,不可或缺。随着出租车事业的蓬勃发展,对计费器的要求也越来越高。第一代出租车计费器全部采用机械齿轮结构,只能完成简单的计程功能,早期的计费器实质就是一个里程表。第二代计费器采用了手摇计算机与机械结构相结合的方式,实现了半机械半电子化,它在计程的同时还可以完成计价的工作。第三代计费器采用大规模集成电路,是全电子化的计费器,用于测量出租车行驶时间和里程,并以测得的时间和里程为依据,计算并显示乘车费用,其功能一直在不断地完善中。

7.6.1　设计任务及要求

1. 设计目的

(1) 掌握出租车计费器控制电路的设计、组装与调试方法。

(2) 熟悉数字集成电路的设计和使用方法。

2. 设计任务

设计一个出租车计费器。

3. 设计要求

(1) 基本要求

① 自动计费器包含行车里程计费、等候时间计费和起步费三部分,三项计费统一用 4 位数码管显示,最大金额为 99.99 元。

② 行车里程单价设为 1.80 元/公里;等候时间计费设为 1.5 元/10 分钟;起步费设为 8.00 元/3 公里。行车时,计费值每公里刷新一次;等候时每 10 分钟刷新一次;行车不到 1 km 或等候不足 10 分钟则忽略计费。

③ 启动和停车时,给出声音提示信号。

(2) 提升要求

添加语音提示控制电路。

7.6.2　出租车计费器系统框图

出租车自动计费器是根据客户用车的实际情况而自动计算并显示车费的数字表。数字表根据用车起步费、行车里程计费及等候时间计费三项显示客户用车总费用,打印单据。同时,还可设置起步、停车的音乐提示或语言提示。

分别将行车里程、等候时间都按相同的价比转换成脉冲信号,然后对这些脉冲进行计数,而起步费可以通过预置送入计数器作为初值,如图 7 - 6 - 1 所示,为出租车计费器系统框图。行车里程计数电路每行车 1 公里输出一个脉冲信号,启动行车单价计数器输出与单价对应的脉冲数,例如单价是 1.80 元/公里,则设计一个一百八十进制计数器,每公里输出 180 个脉冲到总费计数器,即每个脉冲为 0.01 元。等候时间计数器将来自时钟电路的秒脉冲作六百进制计数,得到 10 分钟信号,用 10 分钟信号控制一个一百五十进制计数器(等候 10 分钟单价计数器)向总费计数器输入 150 个脉冲。这样,总费计数器根据起步费所置的初值,加上里程脉冲、等候时间脉冲即可得到总的用车费用。

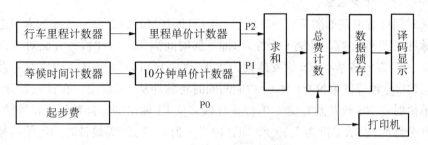

图 7 - 6 - 1　出租车计费器系统框图

7.6.3　各模块工作原理与相关知识

1. 里程计费电路

里程计费电路如图 7 - 6 - 2 所示。安装在与汽车轮相接的涡轮变速器上的磁铁使弹簧继电器在汽车每前进 10 m 闭合一次,即输出一个脉冲信号。汽车每前进 1 km 则输出 100 个脉冲。此时,计费器应累加 1 km 的计费单价,本电路设为 1.80 元。在图 7 - 6 - 2 中,弹簧继电器产生的脉冲信号经施密特触发器整形得到 CP0。CP0 送入由两片 74HC161 构成的一百进制计数器,当计数器计满 100 个脉冲时,一方面使计数器清 0,另一方面将基本 RS 触发器的 Q1 置为 1,使 74HC161(3) 和 (4) 组成的一百八十进制计数器开始对标准脉冲 CP1 计数,计满 180 个脉冲后,使计数器清 0。RS 触发器复位为 0,计数器停止计数。在一百八十进制计数器计数期间,由于 Q1＝1,则 P2＝$\overline{CP1}$,使 P2 端输出 180 个脉冲信号,代表每公里行车的里程计费,即每个脉冲的计费是 0.01 元,称为脉冲当量。

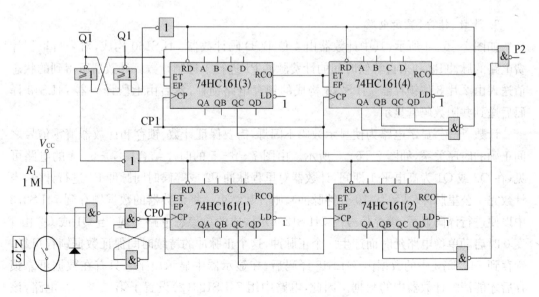

图 7 - 6 - 2　里程计费电路图

2. 等候时间计费电路

等候时间计费电路如图 7 - 6 - 3 所示,由 74HC161(1)、(2)、(3)构成的六百进制计数器对秒脉冲 CP2 作计数。计满一个循环,即等候时间满 10 分钟时,一方面对六百进制计数器清 0,另一方面将基本 RS 触发器置为 1,启动 74HC161(4)和(5)构成的一百五十进制计数器(10 分钟等候单价)计数,计数期间同时将脉冲从 P1 输出。在计数器计满 10 分钟等候单价时将 RS 触发器复位为 0,停止计数。从 P1 输出的脉冲数就是每等候 10 分钟输出 150 个脉冲,表示单价为 1.50 元,即脉冲当量为 0.01 元,等候计时的起始信号由接在 74HC161(1)的手动开关给定。

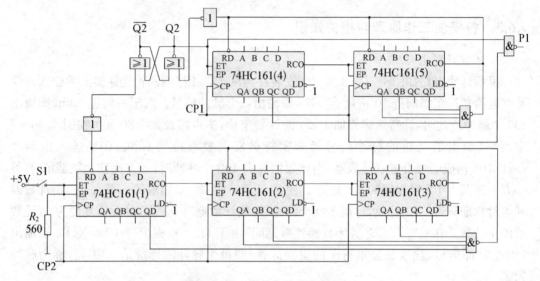

图 7 - 6 - 3　等候计费电路图

3. 计数、锁存、显示电路

如图 7 - 6 - 4 所示,其中计数器由 4 位 BCD 码计数器 74LS160 构成,对来自里程计费电路的脉冲 P2 和来自等候时间的计费脉冲 P1 进行十进制计数。计数器所得到的状态值送入由 2 片 8 位锁存器 74LS273 构成的锁存电路锁存,然后由七段译码器 74LS48 译码后送到共阴数码管显示。

计数、译码、显示电路为使显示数码不闪烁,需要保证计数、锁存和计数器清零信号之间正确的时序关系,如图 7 - 6 - 5 所示。由图 7 - 6 - 5 的时序结合图 7 - 6 - 4 的电路可见,在 Q2 或 Q1 为高电平 1 期间,计数器对里程脉冲 P2 或等候时间脉冲 P1 进行计数,当计数完 1 公里脉冲(或等候 10 分钟脉冲),则计数结束。将计数器的数据锁存到 74LS273 中以便进行译码显示,锁存信号由 74LS123(1)构成的单稳态电路实现,当 Q1 或 Q2 由 1 变 0 时启动单稳电路延时而产生一个正脉冲,这个正脉冲的持续时间保证数据锁存可靠。锁存到 74LS273 中的数据由 74LS48 译码后,在显示器中显示出来。只有在数据可靠锁存后才能清除计数器中的数据。因此,电路中用 74LS123(2)设置了第二级单稳电路,该单稳电路用第一级单稳输出脉冲的下降沿启动,经延时后第二级单稳的输出产生计数器的清零信号。这样就保证了"计数—锁存—清零"的先后顺序,保证计数和显示的稳定

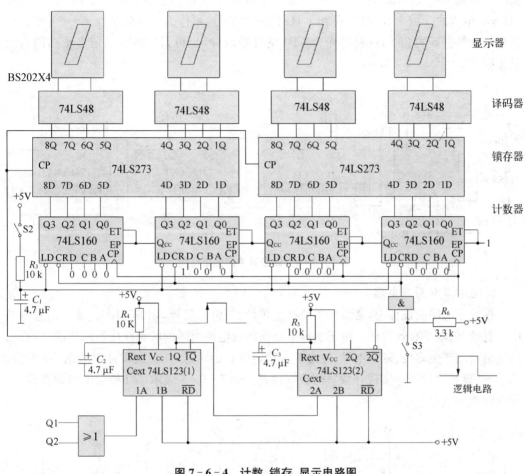

图 7-6-4 计数、锁存、显示电路图

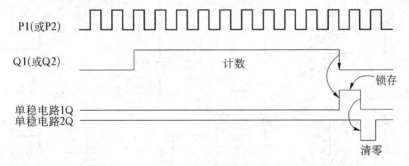

图 7-6-5 计数、锁存、清零信号的时序电路图

可靠。

图 7-6-4 中的 S2 为上电开关,能实现上电时自动置入起步费,S3 可实现手动清零,使计费显示为 00.00。其中,小数点为固定位置。

4. 计费脉冲电路

计费脉冲电路提供等候时间计费的计时基准信号,同时作为里程计费和等候时间计费的单价脉冲源,电路如图 7-6-6 所示。555 定时器产生 1kHz 的矩形波信号,经 74LS90 组成的 3 级十分频后,得到 1 Hz 的脉冲信号,可作为计时的基准信号。同时,可选择经分频得到的 500 Hz 脉冲作为 CP1 的计数脉冲,也可采用频率稳定度更高的石英晶体振荡器。

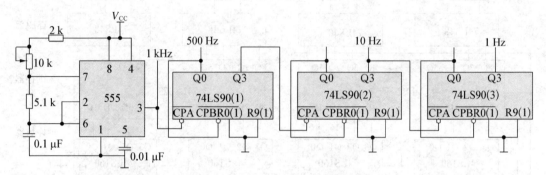

图 7-6-6   计费脉冲产生电路图

5. 置位复位脉冲电路

在数字电路的设计中,常常还需要产生置位、复位的信号,如 SD、RD。这类信号分高电平有效、低电平有效两种。由于实际电路在接通电源瞬间的状态往往是随机的,需要通过电路自动产生置位、复位电平,使之进入预定的初始状态,如前面设计中的图 7-6-4,其中 S2 就是通过上电实现计数器的数据预置。图 7-6-7 表示了几种上电自动置位、复位或置数的电路。

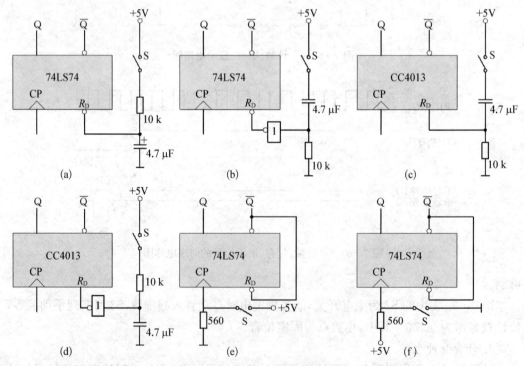

图 7-6-7   置位、复位脉冲电路图

在图(a)中,当 S 接通电源时,由于电容 C 两端电压不能突变仍为零,使 R_D 为 0,产生 Q 置 0 的信号。此后,C 被充电使 C 两端的电压上升到 R_D 为 1 时,D 触发器进入计数状态。图(b)则由于非门对开关产生的信号进行了整形而得到更好的负跳变波形。图(c)和图(d)中的 CC4013 是 CMOS 双 D 触发器,这类电路置位和复位信号是高电平有效,由于开关闭合时电容可视为短路而产生高电平,使 $R_D=1$,$Q=0$。若将此信号加到 S_D,则 $S_D=1$,$Q=1$,置位、复位过后,电容充电而使 $R_D(S_D)$ 变为 0,电路可进入计数状态。图(e)是用开关电路产生点动脉冲,每按一次开关产生一个正脉冲,使触发器构成的计数器计数 1 次。图(f)是用开关电路产生负脉冲,每按一次开关产生一个负脉冲。

7.6.4　安装调试要点

1. 检测电路元件

出租车计费器中最主要的电路元件是集成电路,其常用的检测方法是用仪器测量、用电路实验或用替代方法接入已知的电路中。集成电路的检测仪器主要是集成电路测试仪,还可用数字电压表做简易测量。实验电路则模拟现场应用环境测试集成芯片的功能。替代法测试必须具备已有的完好工作电路,将待测元件替代原有器件后观察工作情况。

除集成电路芯片外,还应检测各种准备接入的其他各种元件,如三极管、电阻、电容、开关、指示灯、数码管等。应确定元件的功能正确、可靠,方能接入电路使用。

2. 电路安装

数字电路系统在设计调试中,往往是先用面包板进行试装,只有试装成功,经调试确定各种待调整的参数合适后,才考虑设计成印制电路。

试装中,首先要选用质量较好的面包板,使各接插点和接插线之间松紧适度。安装中的问题往往集中在接插线的可靠性上,特别需要引起注意。

安装的顺序一般是按照信号流向的顺序,先单元后系统、边安装边测试的原则进行。先安装调试单元电路或子系统,在确定各单元电路或子系统成功的基础上,逐步扩大电路的规模。各单元电路的信号连接线最好有标记,如用特别颜色的线,以便能方便断开进行测试。

3. 系统调试

系统测试一般分静态测试和动态测试。静态测试时,在各输入端加入不同电平值,加高电平(一般接 1 千欧以上电阻到电源)、低电平(一般接地)后,用数字万用表测量电路各主要点的电位,分析是否满足设计要求。动态测试时,在各输入端接入规定的脉冲信号,用示波器观察各点的波形,分析它们之间的逻辑关系和延时。

系统调试将安装测试成功的各单元连接起来,加上输入信号进行调试,发现问题则先对故障进行定位,找出问题所在的单元电路。一般采用故障现象估测法(根据故障情况估计问题所在位置)、对分法(将故障大致所在部分的电路对分成两部分,逐一查找)、对比法(将类型相同的电路部分进行对比或对换位置)等。

7.6.5　总结报告

按照课程设计报告给定的模板,总结出租车计费器电路整体设计、安装和调试过程。

要求有电路图、原理说明、电路所需元件清单、电路参数计算、元件选择、测试结果分析,以及安装与调试中存在的问题和排除故障的方法。

7.7　交通灯控制电路设计

随着社会经济的发展,城市交通问题越来越引起人们的关注,人、车、路三者关系的协调,已成为交通管理部门需要解决的重要问题之一。交通信号灯的出现,使交通得以有效管制,对于疏导交通流量、提高道路通行能力、减少交通事故有明显效果。

7.7.1　设计任务及要求

1. 设计目的

(1) 掌握交通灯控制电路的设计、组装与调试方法。

(2) 熟悉数字集成电路的设计和使用方法。

2. 设计任务

设计一个十字路口交通信号灯控制器。

3. 设计要求

(1) 基本要求

① 工作流程为南北方向绿灯亮,东西方向红灯亮;南北方向黄灯亮,东西方向红灯亮;南北方向红灯亮,东西方向绿灯亮;南北方向红灯亮,东西方向黄灯亮。

② 应满足两个方向的工作时序;东西方向亮红灯时间应等于南北方向亮黄、绿灯时间之和,南北方向亮红灯时间应等于东西方向亮黄、绿灯时间之和。交通灯控制流程图如图 7-7-1 所示,交通灯控制时序图如图 7-7-2 所示。图 7-7-1 中,假设每个单位时间 t 为 3 秒,则南北、东西方向绿、黄、红灯亮时间分别为 15 秒、3 秒、18 秒,一次循环为 36 秒。其中红灯亮的时间为绿灯、黄灯亮的时间之和,黄灯是间歇闪烁。

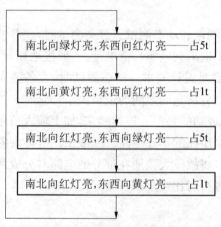

图 7-7-1　交通灯控制流程图

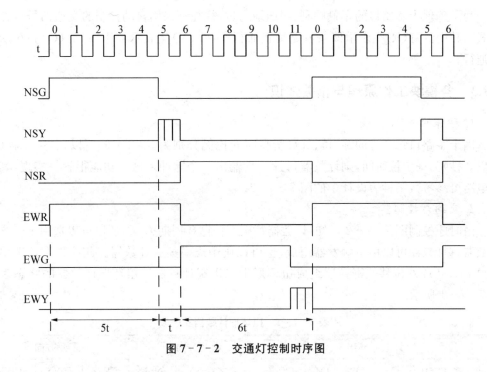

图 7 - 7 - 2　交通灯控制时序图

③ 作为时间提示,十字路口要有数字显示,以便人们更直观地把握时间。具体为:当某方向绿灯亮时,置显示器为某值,然后以每秒减 1 计数方式工作,直至减到数为"0",十字路口红、绿灯交换,一次工作循环结束,进入下一工作循环。

(2) 提升要求

可增加人行横道的手动按钮控制功能。

7.7.2　交通灯控制系统框图

交通灯控制器系统主要由分频器、或门、系统控制电路、LED 灯和数码显示管等组成,其系统结构框图如图 7 - 7 - 3 所示。

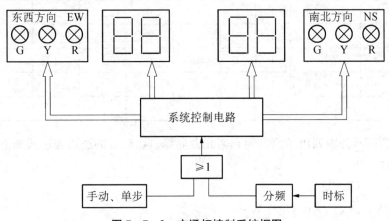

图 7 - 7 - 3　交通灯控制系统框图

为了确保十字路口的车辆顺利、畅通地通过,往往都采用自动控制的交通信号灯控制模式。其中红灯(R)亮表示该条道路禁止通行;黄灯(Y)亮表示停车;绿灯(G)亮表示允许通行。

7.7.3 各模块工作原理与相关知识

1. 秒脉冲电路

因十字路口每个方向绿、黄、红灯所亮时间比例分别为 5:1:6,所以,若选 4 秒(也可以 3 秒)为一单位时间,则计数器每计 4 秒输出一个脉冲。这一功能很容易实现,其逻辑电路可参考数字秒表设计中的图 7-3-2。

2. 交通灯控制器

由时序控制图 7-7-2 可知,计数器每次工作循环周期为 12,所以可以选用十二进制计数器。计数器可以用单触发器组成,也可以用中规模集成计数器。此课程设计选用中规模 74LS164 八位移位寄存器组成扭环形十二进制计数器。扭环形计数器的状态表见表 7-7-1 所示。

表 7-7-1 扭环形计数器状态表

t	计数器输出						南北方向			东西方向		
	Q0	Q1	Q2	Q3	Q4	Q5	NSG	NSY	NSR	EWG	EWY	EWR
							1	0	0	0	0	1
0	0	0	0	0	0	0	1	0	0	0	0	1
1	1	0	0	0	0	0	1	0	0	0	0	1
2	1	1	0	0	0	0	1	0	0	0	0	1
3	1	1	1	0	0	0	1	0	0	0	0	1
4	1	1	1	1	0	0	0	↑	0	0	0	1
5	1	1	1	1	1	0	0	0	1	1	0	0
6	1	1	1	1	1	1	0	0	1	1	0	0
7	0	1	1	1	1	1	0	0	1	1	0	0
8	0	0	1	1	1	1	0	0	1	1	0	0
9	0	0	0	1	1	1	0	0	1	1	0	0
10	0	0	0	0	1	1	0	0	1	1	↑	0
11	0	0	0	0	0	1						

根据状态表,分别列出东西方向和南北方向绿、黄、红灯的逻辑表达式如下:

东西方向

绿:$EWG = Q_4 + Q_5$

黄:$EWY = \overline{Q_4}Q_5 \ (EWY' = EWY \cdot CP1)$

红:$EWR = \overline{Q_5}$

南北方向

绿：$NSG = \overline{Q_4} \cdot \overline{Q_5}$

黄：$EWY = Q_4\, \overline{Q_5}\ (NSY' = NSY \cdot CP1)$

红：$NSR = Q_5$

由于黄灯要求闪烁几次，所以用时标 1s 和 EWY 或 NSY 黄灯信号相"与"即可。

3. 显示控制电路

显示控制电路实际上是一个定时控制电路。当绿灯亮时，使减法计数器开始工作（用对方的红灯信号控制），每来一个秒脉冲，使计数器减 1，直到计数器减为"0"而停止。译码显示可用 74LS248 BCD 码七段译码器，显示器用 LC5011 - 11 共阴极 LED 显示器，计数器使用可预置加、减法的计数器，如 74LS168、74LS193 等。

4. 手动/自动控制，夜间控制电路

手动/自动控制，夜间控制电路可用一选择开关实现。置开关在手动位置，输入单次脉冲，可使交通灯在某一状态下连续运行一段时间；开关在自动位置时，则交通信号灯按自动循环工作方式运行。夜间时，将夜间开关接通，黄灯闪烁。

5. 交通灯模拟控制电路

用移位寄存器 74LS164 组成交通灯模拟控制系统，即当某一方向绿灯亮时，则绿灯亮"G"信号使该路方向的移位通路打开；而当黄、红灯亮时，则使该方向的移位停止。图 7 - 7 - 4 所示为南北方向交通灯模拟控制电路图。

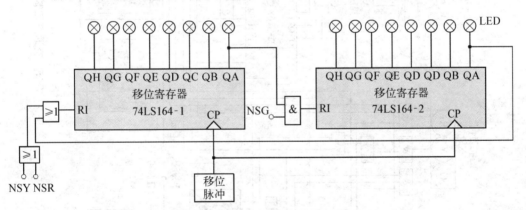

图 7 - 7 - 4　交通灯模拟控制电路图

7.7.4　交通灯控制系统电路设计原理图

交通灯控制系统电路设计如图 7 - 7 - 5 所示。

7.7.5　安装调试要点

认真检查电路是否正确，注意器件管脚的连接，"悬空端"、"清零端"、"置 1 端"、电源、接地要正确处理。

检测所有电阻、电容、发光二极管，74LS248、74LS32、74LS74 和 74LS164 芯片的功能是否正常。用示波器检测振荡器的输出波形，观察其是否满足设计要求。

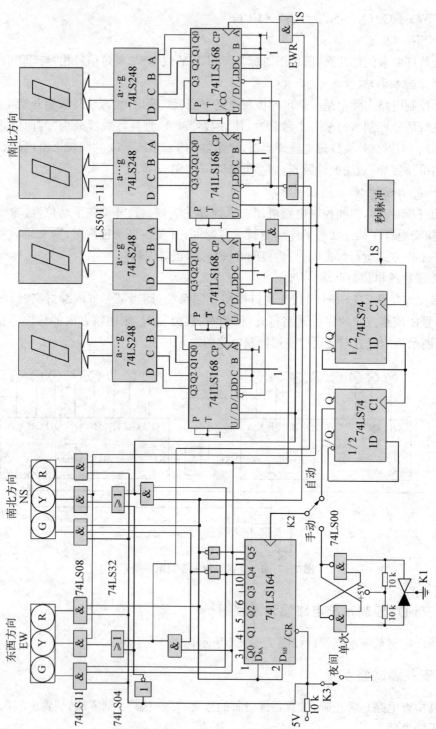

图 7-7-5 交通灯控制系统电路设计图

给整个系统供电，观察显示结果。如果不正常，则从振荡器开始，逐级检查逻辑功能输出。

7.7.6　总结报告

按照课程设计报告给定的模板，总结交通灯控制电路整体设计、安装和调试过程。要求有电路图、原理说明、电路所需元件清单、电路参数计算、元件选择、测试结果分析，以及安装与调试中存在的问题和排除故障的方法。

第 8 章   电路仿真设计

8.1   DXP 2004 设计软件简介

Protel 是目前国内普及率最高的 EDA 软件之一,也是世界上第一套将 EDA 环境引入 Windows 环境的 EDA 软件。其中 Protel 99SE 是 PROTEL 家族中目前最稳定的版本,然而 Altium 公司 2004 年开发推出 Protel DXP 2004,在 99SE 的基础上,实现了高密度的自动布线功能。

Protel DXP 2004 是第一套完整的板卡级设计系统,真正实现了在单个应用程序中的集成,能够满足从概念到完成板卡设计项目的所有功能要求,其集成程度超过了早期的 Protel 99 SE 版本。

使用 Protel DXP 2004 进行板卡设计,包含许多高效的新特性和增强功能,它能够将整个设计过程统一起来。新特性主要包括:分级线路图进入、Spice 3f 5 混合电路模拟、完全支持线路图基础上的 FPGA 设计、设计前和设计后的信号线传输效应分析、规则驱动的板卡设计和编辑、自动布线、完整的 CAM 输出能力;Protel DXP 2004 可以实现原理图设计、层次原理图设计、报表制作、电路仿真、印制电路板设计、逻辑器件设计以及三维视图效果等功能。

Protel DXP 2004 增强了交互式布线功能特性,提升了 PCB 图形系统的性能和效率,实现了设计规则检查等功能,这一系列改进都能提高用户的效率。

8.2   DXP 2004 设计流程

一个完整的电路从它的设计到投入使用,大概的工作流程如图 8-2-1 所示。

以上流程是通过 Protel DXP 2004 这款 EDA 软件实现的。下面将对上面的流程逐步介绍举例。

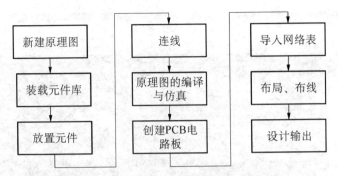

图 8 - 2 - 1　DXP 2004 设计流程框图

8.2.1　原理图的绘制

原理图设计包括原理图图纸设置、原理图工作环境设置、加载元件库、放置元件、连线、原理图编译与仿真等。

1. 启动 Protel DXP 2004 软件(如图 8 - 2 - 2)

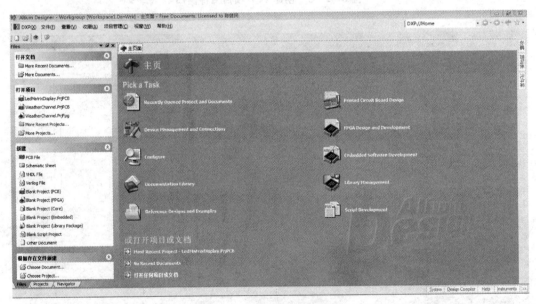

图 8 - 2 - 2　DXP 2004 启动窗口

2. 创建 PCB 项目文件

在图 8 - 2 - 2 中,点击菜单栏中的"文件"—"新建"—"项目"—"PCB 项目",即可新建一个后缀为".PrjPcb"的 PCB 项目文件,如图 8 - 2 - 3 所示。

若想更改 PCB 项目文件的名字,可以在 Project 面板上的 PCB 项目文件点击右键—"另存为",但扩展名".PrjPcb"不可变。

3. 创建原理图文件

点击如图 8 - 2 - 2 所示菜单栏中的"文件"—"新建"—"原理图",即可新建一个后缀为".sch"的原理图,如图 8 - 2 - 4 所示。

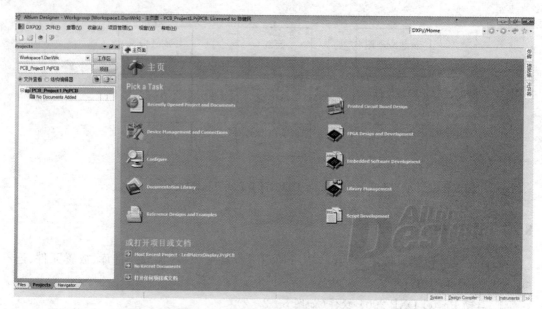

图 8-2-3　创建 PCB 项目文件窗口

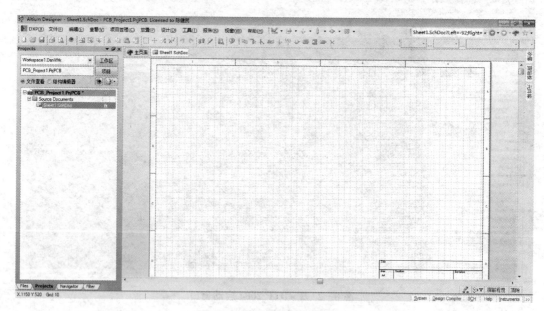

图 8-2-4　创建原理图窗口

　　如果要对新建的原理图文件自定义名称,可以在左侧的项目面板中的原理图文件上点击右键—"另存为",但扩展名".sch"不可变。

　　在开始进行电路原理图设计之前,我们会根据需要对原理图纸以及原理图工作环境进行设置。

　　点击菜单栏中的"设计"—"文档选项"。弹出图 8-2-5 所示的对话框,对原理图纸的尺寸、图纸方向、图纸标题栏、图纸参考说明区域、图纸边框、边框颜色、图纸颜色、图纸网格点等进行设置。

图 8-2-5　文档选项对话框

点击菜单栏中的"工具"—"原理图优先设定",弹出图 8-2-6 所示的对话框,对原理图绘制过程中编辑器的工作环境进行设置。

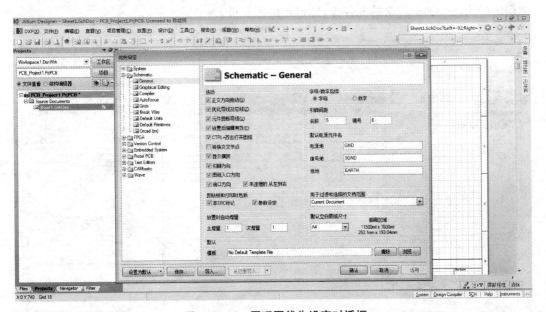

图 8-2-6　原理图优先设定对话框

4. 加载元件库

在绘制原理图的过程中,首先要在图纸上放置需要的元件符号。Protel DXP 2004 作为一个专业的电子电路计算机辅助设计软件,一般常用的电子元件符号都可以在它的元件库中找到,用户只需在 Protel DXP 2004 元件库中查找所需的元件符号,并将其放置在图纸适当的位置即可。

打开图 8-2-4 中右侧的"元件库"标签,出现如图 8-2-7 所示的元件库面板。

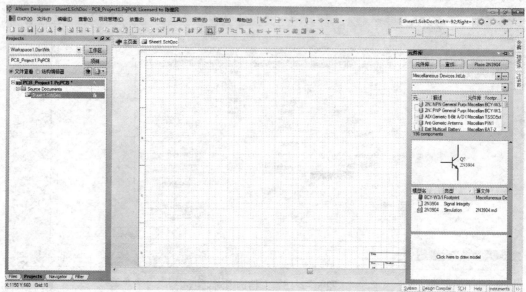

图 8-2-7　加载元件库操作

点击"元件库"面板中的元件库按钮,即得到如图 8-2-8 所示的对话框。该对话框中列出的为已经加载进来的元件库,即可用的库元件。

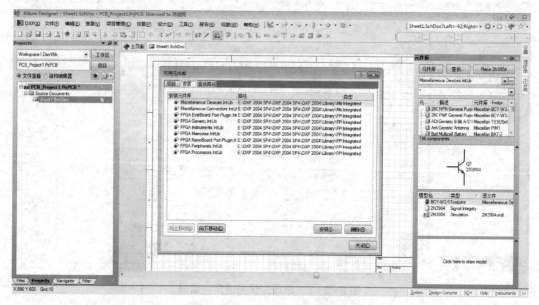

图 8-2-8　可用元件库对话框

在"安装"选项卡中,单击右下角的"安装"按钮,系统将弹出如图 8-2-9 所示的"打开"对话框。在该对话框中选择特定的库文件夹,然后选择相应的库文件,单击"打开"按钮,所选中的库文件就会出现在"可用元件库"对话框中。

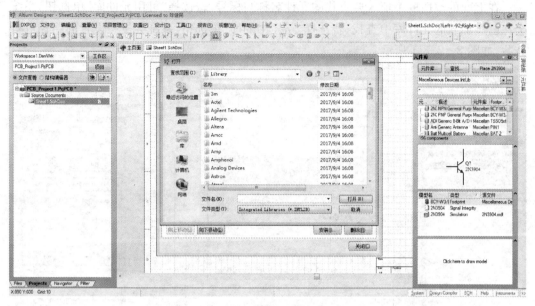

图 8 - 2 - 9　安装元件库对话框

5. 放置元件

原理图有两个基本要素,即元件符号和线路连接。绘制原理图的主要操作就是先将元件符号放置在原理图图纸上,然后用线将元件符号中的引脚连接起来,建立正确的电气连接。在放置元件符号前,需要知道元件符号在哪一个元件库中,并载入该元件库,或者通过 Protel DXP 2004 提供的强大元件搜索能力,找到需要的元件。

在"元件库"面板中点击"查找"按钮,弹出如图 8 - 2 - 10 所示的查找元件对话框。

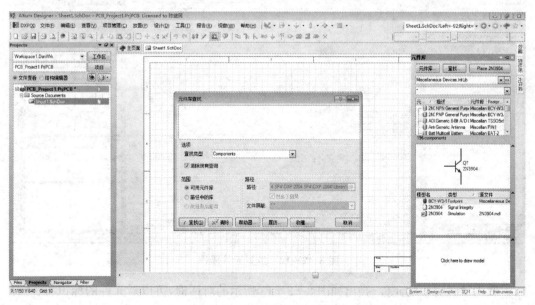

图 8 - 2 - 10　查找元件对话框

在上面的空白框中填入要查找的元件名称与标号,若选择"可用元件库"单选钮,系统会在已经加载的元件库中查找;若选择"路径中的库"单选钮,系统会按照设置的路径进行查找,如图 8-2-11 所示。

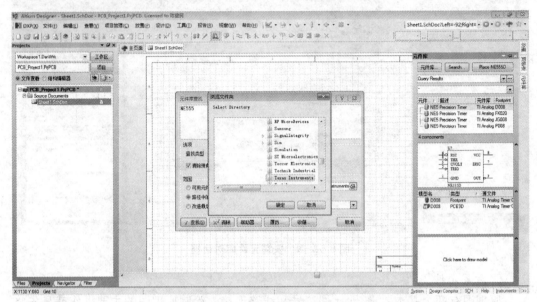

图 8-2-11　设定路径查找元件对话框

点击"元件库"面板右上角的"Place"按钮放置元件,如图 8-2-12 所示。

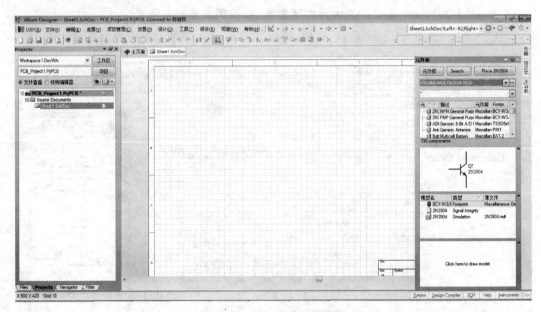

图 8-2-12　放置元件操作

双击放置完毕的元件,弹出如图 8-2-13 所示的对话框,可以对元件的标识符、注释等进行设置。

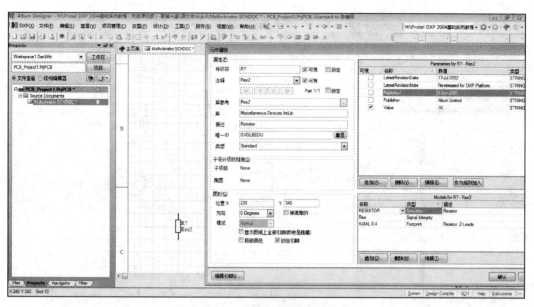

图 8 - 2 - 13 更改元件属性对话框

　　每个元件被放置时,其初始位置并不是很准确。在进行连线前,需要根据原理图的整体布局对元件的位置进行调整,这样不仅便于布线,也使绘制的电路原理图清晰、美观。

　　元件位置的调整实际上就是利用各种命令将元件移动到图纸上指定的位置,并将元件旋转为指定方向,如图 8 - 2 - 14 所示。

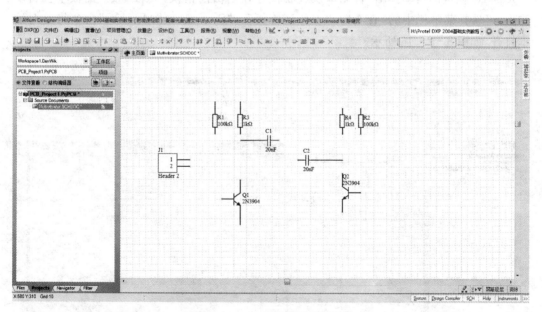

图 8 - 2 - 14 调整元件位置操作

　　6.连线

　　可使用工具栏中的"导线"、"总线"和"总线入口"进行连接,也可在菜单栏中的"放置"菜单中选取。连线结果如图 8 - 2 - 15 所示。

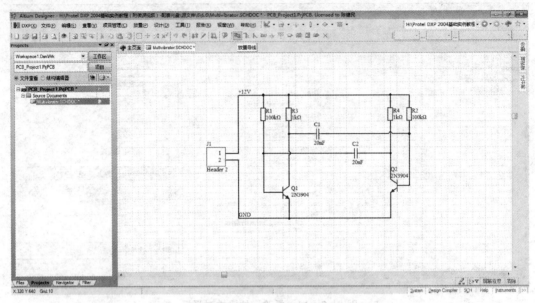

图 8 - 2 - 15　连接导线操作

7. 原理图的编译与仿真

选择菜单栏中的"项目管理"—"Compile Document…"命令,即可进行文件的编译工作。文件编译完成后,系统的自动检测结果将出现在"Message"面板中。如果存在错误,"Message"面板即自动弹出,若无错误或者仅存在"警告"错误,"Message"面板不会自动弹出,可选择菜单栏中的"查看"—"工作区面板"—"System"—"Message"命令将其对话框打开,如图 8 - 2 - 16 所示。

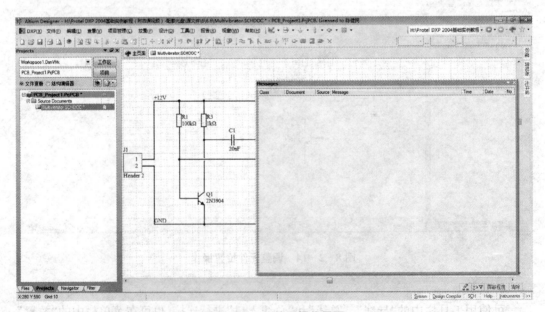

图 8 - 2 - 16　编译操作界面

在仿真前,需要给电路添加仿真激励源,存放在"Simulation Source.Intlib"集成库中。仿真激励源就是仿真时输入到仿真电路中的测试信号,根据观察这些测试信号通过仿真电路后的输出波形(为了观察到输出波形,我们需要为观察点添加网络标签),用户可以判断仿真电路中的参数设置是否合理,如图 8-2-17 所示。

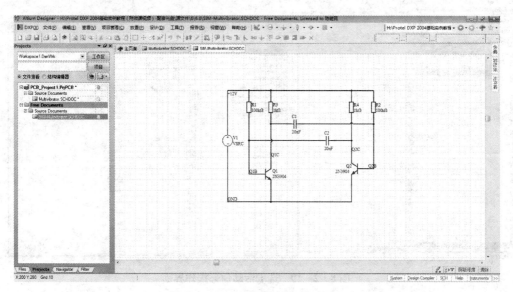

图 8-2-17　更换激励源操作界面

在电路仿真中,选择合适的仿真方式并对相应的参数进行合理的设置,是仿真能够正确运行并获得良好仿真效果的保证。仿真方式的设置包含两部分,一是各种仿真方式都需要的通用参数设置,二是具体的仿真方式所需要的特定参数设置,二者缺一不可。

在原理图编辑环境中,选择菜单栏中的"设计"—"仿真"—"Mixed Sim"命令,系统将弹出如图 8-2-18 所示的对话框。

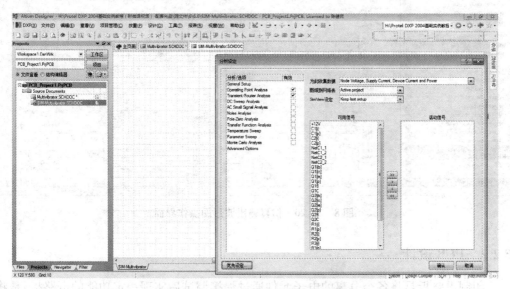

图 8-2-18　仿真分析设定对话框

根据需要可以选择 Protel DXP2004 提供的 11 种仿真方式中的一种或多种,并选择想要观测的输出点,如图 8 - 2 - 19 所示。

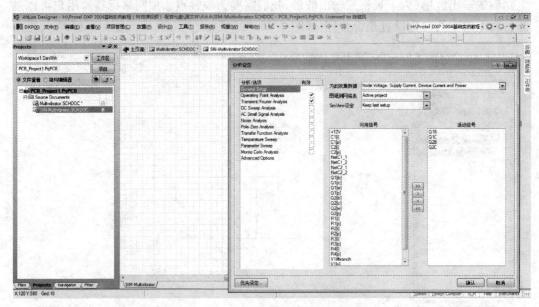

图 8 - 2 - 19　选取活动信号操作界面

设置完成后,单击"确认"按钮,仿真会自动完成,仿真输出波形如图 8 - 2 - 20 所示。

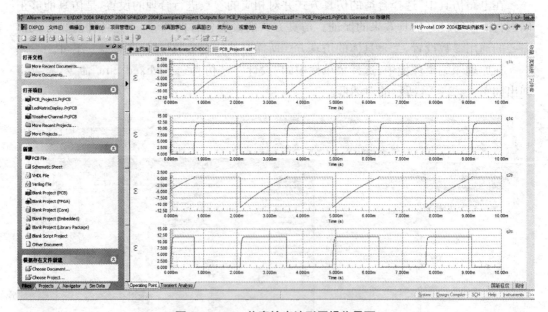

图 8 - 2 - 20　仿真输出波形图操作界面

8.2.2　PCB 设计

印制电路板是将各个分离的电子元件通过焊接调试后实现一定功能的电路板,是将原理图投入实际使用所必须进行的步骤。

1. 创建 PCB 文件

创建 PCB 文件的方法很多,这里主要介绍用 PCB 设计向导创建 PCB 文件。选择菜单栏中的"查看"—"主页面"—"Pick a task"—"Printed Circuit Board design"—"PCB Document Wizard",便可弹出"PCB 板向导"对话框,如图 8-2-21 所示。

图 8-2-21　PCB 设计向导对话框

按照向导提示的步骤一步一步操作,最终得到如图 8-2-22 所示的 PCB 编辑器操作界面。

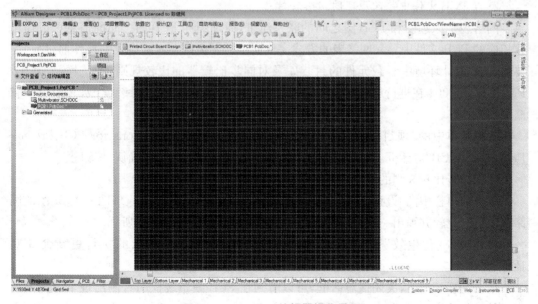

图 8-2-22　PCB 编辑器操作界面

　　对于手动生成的 PCB,在进行 PCB 设计前,用户必须对电路板的各种属性进行详细的设置,主要包括电路板物理边框的设置、PCB 图纸的设置、电路板层的设置、层显示与颜色的设置、布线区的设置等。

　　例如,选择"Mechanical1"机械层,选择菜单栏中的"放置"—"直线",绘制物理边框;选择菜单栏中的"设计"—"PCB 板选择项",对电路板图纸进行设置;选择菜单栏中的"设计"—"层堆栈管理器",对电路板层数进行设置;选择"Keep-out Layer",选择菜单栏中的"放置"—"禁止布线区"—"导线",绘制 PCB 的布线区,如图 8-2-23 所示。

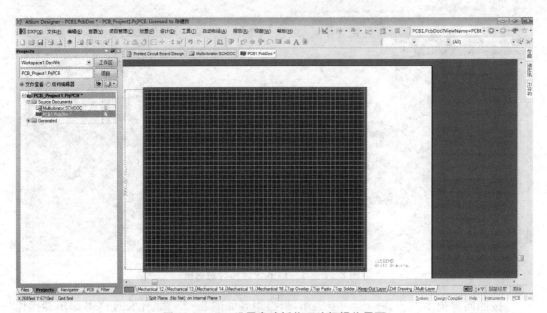

图 8-2-23　设置电路板物理边框操作界面

2. 在 PCB 文件中导入原理图网络表信息

　　网络表是原理图和 PCB 图之间的联系纽带,原理图和 PCB 图之间的信息可以通过在相应的 PCB 文件中导入网络表的方式完成同步。在执行导入网络表的操作前,用户需要在 PCB 设计环境中装载元件的封装库及对同步比较器的比较规则进行设置。其中,Protel DXP 2004 在进行原理图设计的同时便装载了元件的 PCB 封装模型,一般可以省略该项操作。

　　选择菜单中的"项目管理"—"项目管理选项",系统弹出"Options for PCB Project-Project1.PrjPCB"对话框,如图 8-2-24 所示。设置完成后,点击"确认"按钮。

　　完成同步比较规则的设置后,即可进行网络表的导入工作。

　　选择菜单栏中的"设计"—"Update PCB Document",系统将对原理图和 PCB 图的网络报表进行比较并弹出一个"工程变化订单"对话框,如图 8-2-25 所示。

　　单击"使变化生效"—"执行变化",弹出如图 8-2-26 所示的执行更新命令对话框。

　　单击"关闭"按钮,关闭该对话框,可以看到在 PCB 图布线框的右侧出现了导入的所有元件的封装模型,如图 8-2-27 所示。

图 8 - 2 - 24　"Comparator(比较器)"选项卡

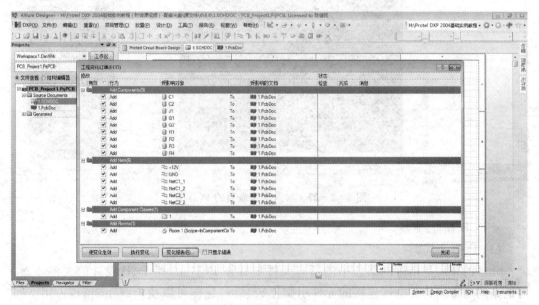

图 8 - 2 - 25　"工程变化订单"对话框

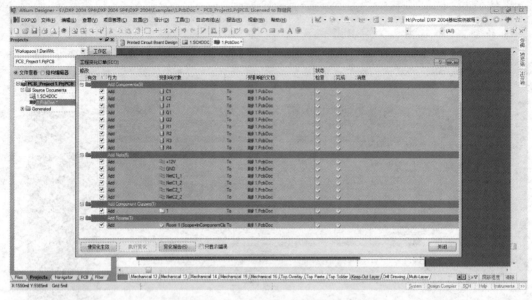

图 8-2-26　执行更新命令对话框

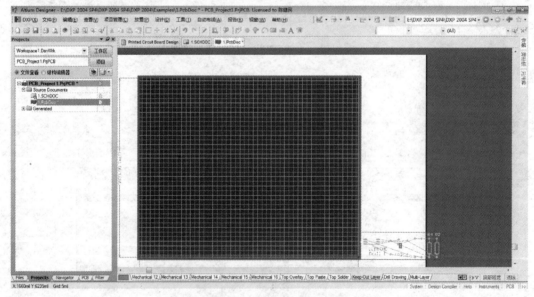

图 8-2-27　导入网络表后的 PCB 图

3. PCB 布局、布线

（1）PCB 布局。

元件的布局是指将网络表中的所有元件放置在 PCB 上，是 PCB 设计的关键步骤。好的布局通常使具有电气连接的元件引脚比较靠近，这样可以使走线距离短，占用空间小，使整个电路板的导线易于连通，从而获得更好的布线效果。

Protel DXP 2004 提供了两种布局方式，即手动布局和自动布局。选择菜单栏中的"工具"—"放置元件"命令，其子菜单中包含了与自动布局有关的命令。若采用自动布局，在布局结束后，所有的元件进入了 PCB 的边框内，它们按照一定规律被放置到合适的位置，但是布局效果不一定合理,需要手动调整。经手动调整布局后,结果如图 8-2-28 所示。

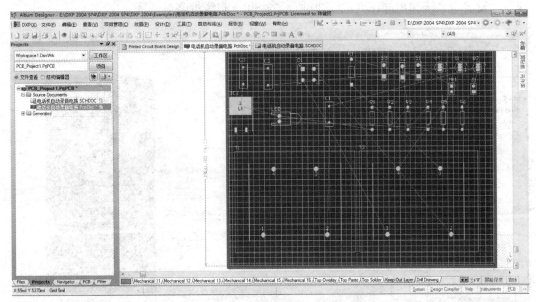

图 8-2-28 手动调整元件布局结果图

(2) PCB 布线。

完成电路板的布局工作后,用户就可以进行布线操作。布线方式有"自动布线"和"交互式布线"两种。通常,自动布线是无法满足电路实际要求的,因此,在自动布线前,用户可以用交互式布线方式预先对要求比较严格的部分进行布线。

在使用自动布线前,首先应对自动布线规则进行详细的设置。单击菜单栏中的"设计"—"规则",弹出"PCB 规则和约束编辑器"对话框,如图 8-2-29 所示。

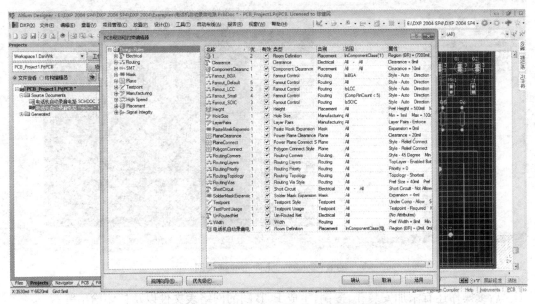

图 8-2-29 "PCB 规则和约束编辑器"对话框

设置完布线规则后，需要对其进行自动布线策略的设置。选择菜单栏中的"自动布线"—"设定"，系统弹出如图 8-2-30 所示的 Situs 布线策略对话框。

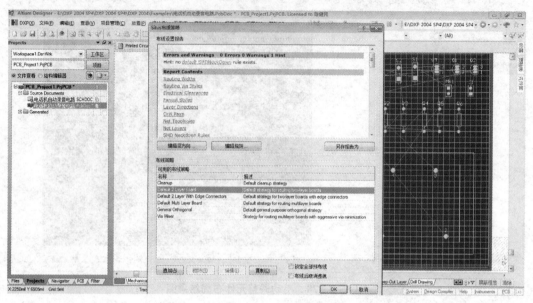

图 8-2-30　"Situs 布线策略"对话框

布线规则和布线策略设置完成后，即可进行自动布线操作，自动布线操作主要是通过"自动布线"菜单进行的。用户不仅可以进行整体布局，也可以对指定的区域、网络及元件进行单独的布线。元件布线结果如图 8-2-31 所示。

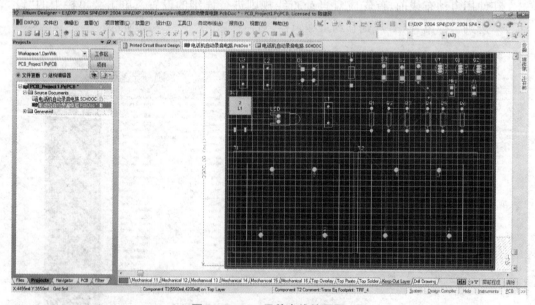

图 8-2-31　元件布线结果图

后续操作还有添加安装孔、覆铜，生成 PCB 图的网络表文件以及打印输出等。

8.3 PCB 设计的基本原则

从 PCB 的设计步骤可以看出,它的设计相比原理图设计更加复杂,PCB 板设计的好坏对电路板抗干扰能力影响很大。因此,在进行 PCB 设计时,必须遵守 PCB 设计的一般原则,并应符合抗干扰设计的要求。要使电子电路获得最佳性能,元件的布局及导线的布设尤为重要。为了设计质量好、造价低的 PCB,一般应遵循下面的原则。

(1) PCB 板的尺寸大小合适。尺寸过大时,印制线路长,阻抗增加,抗噪声能力下降,成本也增加;过小,则散热不好,且邻近导线容易受干扰。

(2) 根据电路的功能单元对电路的全部元件进行布局。

(3) 布线原则:输入和输出的导线应尽量避免相邻平行;导线的宽度主要由导线与绝缘基板间的黏附强度和流过它们的电流值决定;导线拐弯一般取圆弧形。

(4) 焊盘大小:比器件引线直径稍大一些。

(5) 电源线的设计:尽量加粗电源线的宽度,减少环路电阻。

(6) 地线设计:数字地和模拟地分开,接地线应尽量加粗,接地线构成闭环路。

(7) 各元件之间的接线原则:印制电路中不允许有交叉电路;同一级电路的接地点应尽量靠近;总地线必须严格按照高频—中频—低频按逐级由弱电到强电的顺序排列原则;强电流引线应尽可能宽些;阻抗高的走线尽量短;IC 座上的定位槽放置的方位一定要正确。

附录一　常用芯片功能引脚图简介

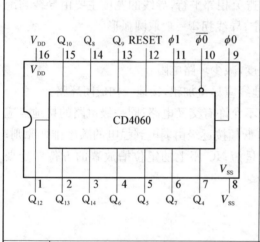

CD4060 是由一振荡器和 14 级二进制串行计数器位组成,振荡器的结构可以是 RC 或晶振电路,CR 为高电平时,计数器清零且振荡器使用无效。所有的计数器位均为主从触发器。在 CP1(和 CP0)的下降沿计数器以二进制进行计数。在时钟脉冲线上使用斯密特触发器对时钟上升和下降时间进行限制。

1	12 分频输出	9	信号正向输出
2	13 分频输出	10	信号反向输出
3	14 分频输出	11	信号输入
4	6 分频输出	12	复位信号输入
5	5 分频输出	13	9 分频输出
6	7 分频输出	14	8 分频输出
7	4 分频输出	15	10 分频输出
8	V_{ss} 地	16	V_{DD} 电源

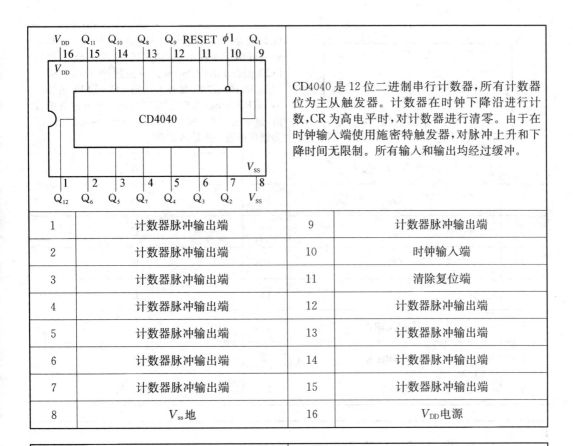

CD4040 是 12 位二进制串行计数器,所有计数器位为主从触发器。计数器在时钟下降沿进行计数,CR 为高电平时,对计数器进行清零。由于在时钟输入端使用施密特触发器,对脉冲上升和下降时间无限制。所有输入和输出均经过缓冲。

1	计数器脉冲输出端	9	计数器脉冲输出端
2	计数器脉冲输出端	10	时钟输入端
3	计数器脉冲输出端	11	清除复位端
4	计数器脉冲输出端	12	计数器脉冲输出端
5	计数器脉冲输出端	13	计数器脉冲输出端
6	计数器脉冲输出端	14	计数器脉冲输出端
7	计数器脉冲输出端	15	计数器脉冲输出端
8	V_{ss}地	16	V_{DD}电源

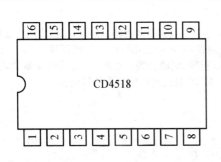

CD4518 是二、十进制(8421 编码)同步加计数器,内含 2 个单元的加计数器,4 路 BCD 码信号输出。每个单元有两个时钟输入端 CLK 和 EN,可用时钟脉冲的上升沿或下降沿触发。若用 ENABLE 信号下降沿触发,触发信号由 EN 端输入,CLK 端置"0";若用 CLK 信号上升沿触发,触发信号由 CLK 端输入,ENABLE 端置"1"。RESET 端是清零端,RESET 端置"1"时,计数器各端输出端 Q1～Q4 均为"0",只有 RESET 端置"0"时,CD4518 才开始计数。

1	时钟输入端 A	9	时钟输入端 B
2	计数允许控制端 A	10	计数允许控制端 B
3	计数器输出端 A	11	计数器输出端 B
4	计数器输出端 A	12	计数器输出端 B
5	计数器输出端 A	13	计数器输出端 B
6	计数器输出端 A	14	计数器输出端 B
7	清除复位端 A	15	清除复位端 B
8	V_{ss}地	16	V_{DD}电源

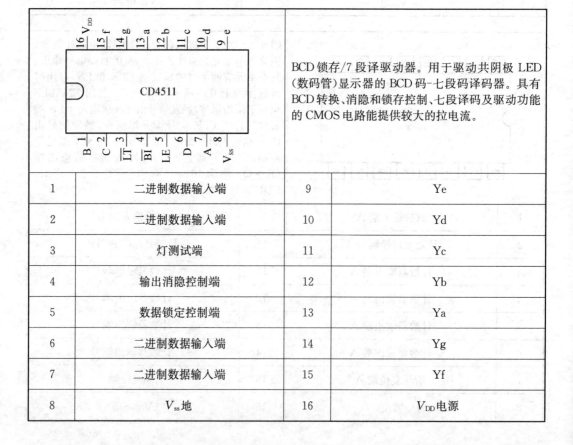

	CD4543		
1	LD 锁存 BCD 输入	9	A
2	Q2	10	B
3	Q1	11	C
4	Q3	12	D
5	Q0	13	E
6	PH 相位输入	14	F
7	BI 消隐输入	15	G
8	V_{ss} 地	16	V_{DD} 电源

BCD 锁存/七段译码显示驱动芯片,只要输入 BCD 码就可用于多种不同的数码管显示 0 至 9,如接 LCD,则在 Ph(Phase)输入方波脉冲,如接共阳极 LED,则 Ph 置"1",如接共阴极 LED,则 Ph 置"0",另 Bl(Blanking)如果置"1"或输入 0 至 9 以外的数值,显示会空白(黑屏),LD(Latch Disable)置"0" 会锁存最近一次输入的数字。

	CD4511		
1	二进制数据输入端	9	Ye
2	二进制数据输入端	10	Yd
3	灯测试端	11	Yc
4	输出消隐控制端	12	Yb
5	数据锁定控制端	13	Ya
6	二进制数据输入端	14	Yg
7	二进制数据输入端	15	Yf
8	V_{ss} 地	16	V_{DD} 电源

BCD 锁存/7 段译驱动器。用于驱动共阴极 LED (数码管)显示器的 BCD 码-七段码译码器。具有 BCD 转换、消隐和锁存控制、七段译码及驱动功能的 CMOS 电路能提供较大的拉电流。

	CD4017		十进制计数器/脉冲分配器 INH 为低电平时,计数器在时钟上升沿计数;反之,计数功能无效。CR 为高电平时,计数器清零。
1	计数脉冲输出端 Y5	9	计数脉冲输出端 Y8
2	计数脉冲输出端 Y1	10	计数脉冲输出端 Y4
3	计数脉冲输出端 Y0	11	计数脉冲输出端 Y9
4	计数脉冲输出端 Y2	12	进位脉冲输出 CO
5	计数脉冲输出端 Y6	13	禁止端 INH
6	计数脉冲输出端 Y7	14	时钟输入端 CP
7	计数脉冲输出端 Y3	15	清除端 CR
8	V_{ss} 地	16	V_{DD} 电源

	NE555		时基集成电路
1	电源地端	5	控制电压端 V_c
2	触发端 TR	6	阀值端 TH
3	输出端 V_o	7	放电端 DIS
4	复位端 MR	8	电源正端

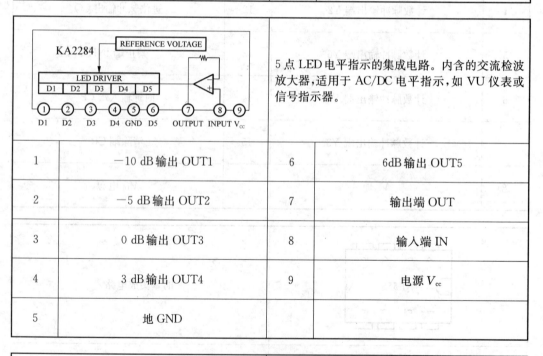

1	掉电控制关断端口	5	音量输出端 1
2	电压基准端口	6	电源正端
3	正相输入端	7	电源接地端
4	反相输入端	8	音量输出端 2

8002/8002B 是专为大功率、高保真的应用场合所设计的音频功放 IC。所需外围元件少且在 2.0 V～5.5 V 的输入电压下即可工作。

1	-10 dB 输出 OUT1	6	6dB 输出 OUT5
2	-5 dB 输出 OUT2	7	输出端 OUT
3	0 dB 输出 OUT3	8	输入端 IN
4	3 dB 输出 OUT4	9	电源 V_{cc}
5	地 GND		

5 点 LED 电平指示的集成电路。内含的交流检波放大器,适用于 AC/DC 电平指示,如 VU 仪表或信号指示器。

1	电压调节脚 ADJ	2	电压输出脚 V_{out}
3	电压输入脚 V_{in}		

LM317 是应用最为广泛的电源集成电路之一,它不仅具有固定式三端稳压电路的最简单形式,又具备输出电压可调的特点。此外,还具有调压范围宽、稳压性能好、噪声低、纹波抑制比高等优点。

	ICL8038 引脚图（14脚DIP）		

一种具有多种波形输出的精密振荡集成电路,只需调整个别的外部元件就能产生 0.001 Hz～300 kHz 的低失真正弦波、三角波、矩形波等脉冲信号。输出波形的频率和占空比还可以由电流或电阻控制。另外由于该芯片具有调频信号输入端,所以可以用来对低频信号进行频率调制。

1	Sine Wave Adjust 正弦波失真度调节	8	FM Sweep 外部扫描频率电压输入
2	Sine Wave Out 正弦波输出	9	Square Wave Out 方波输出,为开路结构
3	Triangle Out 三角波输出	10	Timing Capacitor 外接振荡电容
4	Duty Cycle Frequency:方波的占空比调节、正弦波和三角波的对称调节	11	V— or GND 负电源或地
5	Duty Cycle Frequency:方波的占空比调节、正弦波和三角波的对称调节	12	Sine Wave Adjust 正弦波失真度调节
6	V＋正电源±10 V～±18 V	13	NC 空脚
7	FM Bias:内部频率调节偏置电压输入	14	NC 空脚

附录二　国家标准

中华人民共和国国家标准化管理委员会

中华人民共和国国家标准化管理委员会（Standardization Administration of the People's Republic of China）是国务院授权履行行政管理职能、统一管理全国标准化工作的主管机构，正式成立于2001年10月。2018年3月，根据第十三届全国人民代表大会第一次会议批准的国务院机构改革方案，将中华人民共和国国家标准化管理委员会职责划入国家市场监督管理总局，对外保留牌子。

其主要职责是：

（一）参与起草、修订国家标准化法律、法规的工作；拟定和贯彻执行国家标准化工作的方针、政策；拟定全国标准化管理规章，制定相关制度；组织实施标准化法律、法规和规章、制度。

（二）负责制定国家标准化事业发展规划；负责组织、协调和编制国家标准（含国家标准样品）的制定、修订计划。

（三）负责组织国家标准的制定、修订工作；负责国家标准的统一审查、批准、编号和发布。

（四）统一管理制定、修订国家标准的经费和标准研究、标准化专项经费。

（五）管理和指导标准化科技工作及有关的宣传、教育、培训工作。

（六）负责协调和管理全国标准化技术委员会的有关工作。

（七）协调和指导行业、地方标准化工作；负责行业标准和地方标准的备案工作。

（八）代表国家参加国际标准化组织（ISO）、国际电工委员会（IEC）和其他国际或区域性标准化组织，负责组织ISO、IEC中国国家委员会的工作；负责管理国内各部门、各地区参与国际或区域性标准化组织活动的工作；负责签定并执行标准化国际合作协议，审批和组织实施标准化国际合作与交流项目；负责参与与标准化业务相关的国际活动的审核工作。

（九）管理全国组织机构代码和商品条码工作。

（十）负责国家标准的宣传、贯彻和推广工作；监督国家标准的贯彻执行情况。

（十一）管理全国标准化信息工作。

（十二）在质检总局统一安排和协调下，做好世界贸易组织技术性贸易壁垒协议（WTO/TBT 协议）执行中有关标准的通报和咨询工作。

（十三）承担质检总局交办的其他工作。

国家标准

国家标准分为强制性国家标准和推荐性国家标准。

对保障人身健康和生命财产安全、国家安全、生态环境安全以及满足经济社会管理基本需要的技术要求，应当制定强制性国家标准。强制性国家标准由国务院有关行政主管部门依据职责提出、组织起草、征求意见和技术审查，由国务院标准化行政主管部门负责立项、编号和对外通报。强制性国家标准由国务院批准发布或授权发布。

对于满足基础通用、与强制性国家标准配套、对各有关行业起引领作用等需要的技术要求，可以制定推荐性国家标准。推荐性国家标准由国务院标准化行政主管部门制定。

国务院标准化行政主管部门和国务院有关行政主管部门建立标准实施信息和评估机制，根据反馈和评估情况对国家标准进行复审，复审周期一般不超过 5 年。经过复审，对不适用经济社会发展需要和技术进步的标准应当及时修订或者废止。下面是关于国家标准的介绍。

我们国家标准代号分为 GB 和 GB/T。国家标准的编号由国家标准的代号、国家标准发布的顺序号和国家标准发布的年号（发布年份）构成。GB 代号国家标准含有强制性条文及推荐性条文，当全文强制时不含有推荐性条文，GB/T 代号国家标准为全文推荐性。强制性条文是保障人体健康、人身、财产安全的标准和法律及行政法规规定强制执行的国家标准；推荐性国标是指生产、检验、使用等方面，通过经济手段或市场调节而自愿采用的国家标准。但推荐性国标一经接受并采用，或各方商定同意纳入经济合同中，就成为各方必须共同遵守的技术依据，具有法律上的约束性。

《中华人民共和国标准化法》将中国标准分为国家标准、行业标准、地方标准（DB）、企业标准（Q/）四级。截至 2003 年底，中国共有国家标准 20906 项（不包括工程建设标准）。

国际标准由国际标准化组织（ISO）理事会审查，ISO 理事会接纳国际标准并由中央秘书处颁布；

国家标准在中国由国务院标准化行政主管部门制定；

行业标准由国务院有关行政主管部门制定；

企业生产的产品没有国家标准和行业标准的，应当制定企业标准，作为组织生产的依据，并报有关部门备案。

法律对标准的制定另有规定，依照法律的规定执行。

制定标准应当有利于合理利用国家资源，推广科学技术成果，提高经济效益，保障安全和人民身体健康，保护消费者的利益，保护环境，有利于产品的通用互换及标准的协调配套等。

中国标准按内容划分有基础标准（一般包括名词术语、符号、代号、机械制图、公差与配合等）、产品标准、辅助产品标准（工具、模具、量具、夹具等）、原材料标准、方法标准（包括工艺要求、过程、要素、工艺说明等）；按成熟程度划分有法定标准、推荐标准、试行标准、标准草案。

截至 2003 年底，中国共有国家标准 20906 项（不包括工程建设标准）。中国的国家标准主要由中国标准出版社出版。工程建设国家标准主要由中华人民共和国住房和城乡建设部发布。

组成：一份国标通常由封面、前言、正文三部分组成。

标准号：标准号至少由标准的代号、编号、发布年代三部分组成。

标准状态：自标准实施之日起，至标准复审重新确认、修订或废止的时间，称为标准的有效期，又称标龄。

归口单位：实际上就是指按国家赋予该部门的权利和承担的责任、各司其责，按特定的管理渠道对标准实施管理。

替代情况：替代情况在标准文献里就是新的标准替代原来的旧标准。即在新标准发布即日起，原替代的旧标准作废。另外有种情况是某项标准废止了，而没有新的标准替代的。

实施日期：标准实施日期是有关行政部门对标准批准发布后生效的时间。

提出单位：指提出建议实行某条标准的部门。

起草单位：负责编写某项标准的部门。

中文名称：国家标准化管理委员会

英文名称：Standardization Administration of the People's Republic of China

英文缩写：SAC

联系地址：北京市海淀区马甸东路 9 号

《　　　　　　》课程设计报告

设计题目：

学生姓名：

专业班级：

学　　号：

指导教师：

课程设计时间：

目录(黑体三号居中)

设计目的(黑体小四号) …………………………………………………… ××

系统设计要求 ……………………………………………………………… ××

正文 ………………………………………………………………………… ××

总结 ………………………………………………………………………… ××

参考文献 …………………………………………………………………… ××

附录 ………………………………………………………………………… ××

《×××》课程设计报告(宋体小二号居中加粗)

(全文总字数要求 4 000 字左右,A4 双面打印。)

摘　要:×××(宋体　小四号　300 字以内)

关键词:×××;×××;×××(宋体　小四号　3~5 个)

一、设计目的(一级大标题宋体三号靠左加粗)

内容……(宋体小四号、1.5 倍行距)

二、系统设计要求

内容……(宋体小四号、1.5 倍行距)

三、正文

正文……正文不同设计有所不同,大致包括设计原理、电路图、程序、元件清单、组装调试、仿真等。(1.正文标题:一级大标题宋体三号靠左加粗;二级大标题宋体小三号靠左加粗。2.正文:宋体小四号、1.5 倍行距。)

四、总结

内容……(宋体小四号、1.5 倍行距)

五、参考文献(3 篇以上)

[1] 作者.文献名称.版次.出版社地点:出版社.年份(宋体小四号、1.5 倍

行距)

（示例：[1] 邱关源.电路.5 版.北京:高等教育出版社.2006）

六、附录（此项根据实际课程设计需要可有可无,内容宋体小四号、1.5 倍行距）

教师评语：

成绩评定：

指导教师签名：

年　月　日

参考文献

[1] 阎石.数字电子技术基础[M].第五版.北京:高等教育出版社,2006.

[2] 邱关源.电路[M].北京:高等教育出版社,2006.

[3] 康华光.电子技术基础模拟部分[M].第五版.北京:高等教育出版社,2006.

[4] 苏咏梅.模拟电子技术[M].北京:冶金工业出版社,2014.

[5] 佘明辉.模拟电子技术[M].哈尔滨:哈尔滨工程大学出版社,2010.

[6] 黄双根,任重,黄大星.模拟电子技术[M].广州:华南理工大学出版社,2015.

[7] 李妍,姜俐侠.数字电子技术[M].大连:大连理工大学出版社,2009.

[8] 刘凤春,王林.电工学实验教程[M].北京:高等教育出版社,2013.

[9] 朱祥贤.数字电子技术项目教程[M].北京:机械工业出版社,2010.

[10] 谢永超.数字电子电路分析与应用[M].北京:人民邮电出版社,2015.

[11] 胡宴如.模拟电子技术[M].第二版.北京:高等教育出版社,2004.

[12] 陈大钦.电子技术基础实验[M].第二版.北京:高等教育出版社,2000.

[13] 王尧.电子线路实践[M].南京:东南大学出版社,2003.

[14] 王澄非.电路与数字逻辑设计实践[M].南京:东南大学出版社,2003.

[15] 彭华林等.虚拟电子实验平台应用技术[M].长沙:湖南科学技术出版社,1999.

[16] 范爱平.电子电路实验与虚拟技术[M].济南:山东科学技术出版社,2001.

[17] 陈大钦.电子技术基础实验——电子电路实验·设计·仿真[M].第二版.北京:高等教育出版社,2001.

[18] 杨志忠.数字电子技术[M].北京:高等教育出版社,2002.

[19] 及力.Protel99 SE 原理图与 PCB 设计教程[M].北京:电子工业出版社,2004.

[20] 倪元相.电工电子实验教程[M].西安:西北工业大学出版社,2016.

[21] 谢檬,王娟.电子装调实训教程[M].西安:西安交通大学出版社,2018.

[21] 张红梅,唐明良,曹世华.数字电子技术仿真、实验与课程设计[M].重庆:重庆大学出版社,2018.

[22] 唐明良,张红梅,周冬芹.模拟电子技术仿真、实验与课程设计[M].重庆:重庆大学出版社,2018.

［23］刘红平,杨飒.模拟电子电路分析与实践［M］.西安:西北工业大学出版社,2015.

［24］钟化兰.数字电子技术实验及课程设计教程［M］.西安:西北工业大学出版社,
　　　2018.

［25］吴健辉.电子信息类工程实训教程［M］.西安:电子科技大学出版社,2016.